AF496730

LE
BUFFON DES PETITS ENFANTS

4ᵉ SÉRIE IN-12.

LE BUFFON

DES

PETITS ENFANTS

PREMIÈRES CONNAISSANCES, AUSSI AMUSANTES QUE CURIEUSES, POUR APPRENDRE L'HISTOIRE NATURELLE,

PAR CH. DELATTRE,

Auteur du *Spectacle de la Nature* et de l'*Industrie humaine*.

LIMOGES

EUGÈNE ARDANT ET Cⁱᵉ, ÉDITEURS.

1874

LE BUFFON

DES PETITS ENFANTS.

CHAPITRE PREMIER.

Van-Amburgh. — Carter. — Le Jardin des Plantes. — Le Jaguar et l'Enfant du Brésil.

Que fais-tu donc là, Jules? dit M. Lorimer à son fils, qu'il trouvait installé dans son cabinet, profondément enfoncé dans la lecture d'un journal

JULES.

Je lisais quelque chose qui ressemble à un conte de fée; c'est un homme qu'on appelle un dompteur, qui entre dans la cage d'un lion, qui fait ramper l'animal à ses pieds, le frappe s'il n'obéit pas, lui présente à manger et le lui retire.... Tout cela n'est pas vrai, n'est-ce pas, mon père?

M. LORIMER.

Tout cela est vrai... Les DOMPTEURS, comme
on les appelle, et qui sont à la mode aujour-
d'hui, ne sont pas renouvelés des Grecs, mais
des Romains, qui avaient des dompteurs fort
habiles.

JULES.

Mais mon oncle m'a donné un livre, le *petit-
Buffon de la jeunesse*, où l'on dit que les lions
et les tigres sont des animaux très féroces, qui
dévorent les autres bêtes et même l'homme;
j'y ai lu aussi que le tigre massacrait tout ce
qu'il rencontrait, sans avoir faim, pour satisfaire
sa terrible passion pour le meurtre et le sang.

M. LORIMER.

Le *petit Buffon* n'est pas un oracle, et il t'a
induit en erreur.

JULES.

Comment, le lion et le tigre ne sont donc pas
féroces?

M. LORIMER.

Il faut s'entendre sur la valeur du mot féroce.
Les animaux carnassiers se nourrissent de chair,
et la plupart de proies vivantes; lorsqu'ils sen-
tent le besoin de prendre de la nourriture, il
faut bien qu'ils se mettent en chasse ou à l'affût,
et qu'ils immolent la victime qui se présente à
eux. Ce besoin de prendre la nourriture convenable à leur espèce constitue ce que l'on

nomme *férocité*... La faim une fois apaisée, l'animal devient inoffensif, et s'il n'est pas attaqué le premier, il ne violera nullement la paix, il ne se montrera l'ennemi d'aucune espèce vivante.

JULES.

Ainsi le tigre n'égorge pas pour le plaisir de voir couler le sang?

M. LORIMER.

Nullement... J'ajouterai à ce que je viens de te dire que les animaux n'attaquent jamais l'homme les premiers ; ils s'irritent s'ils sont poursuivis, ils vendent chèrement leur vie si l'homme veut la leur ravir. En cela ils obéissent à la loi de la conservation de l'espèce établie par la nature ; l'instinct de défense est inné dans tous les êtres vivants.

JULES.

De sorte qu'un lion ou un tigre ne m'attaquerait pas, si je ne l'attaquais le premier?

M. LORIMER.

Non, à moins qu'un long jeûne ne les mette dans un état d'excitation qui n'est plus leur état naturel; dans ce cas, ils ne connaissent plus rien, ils se jettent sur tout ce qu'ils rencontrent, aveuglés par la fureur du besoin; ils ne se conduisent pas alors autrement que l'homme en pareille circonstance. Combien de fois n'a-t-on pas vu de malheureux naufragés, privés de

nourriture, se jeter, exaspérés par la faim, sur
eurs compagnons d'infortune et les dévorer?

JULES.

Ah! oui, comme les naufragés de la *Méduse;*
j'ai lu cette terrible histoire.

M. LORIMER.

Les animaux carnassiers sont si peu redoutables pour l'homme que, dans l'antiquité, du
temps de Carthage et de Rome, le nord de
l'Afrique fourmillait de lions et de panthères,
au point que l'on prenait ces animaux pour les
conduire par troupeaux à Rome; et néanmoins
la population de ces contrées était alors aussi
abondante que de nos jours celle de l'Europe.

JULES.

Je n'aurais pas aimé habiter dans un pareil
pays. Mais que faisaient les Romains de tant de
lions et de panthères?

M. LORIMER.

Ils les faisaient combattre dans le cirque contre
des esclaves dressés exprès, que l'on nommait
gladiateurs; d'autres fois ils excitaient la rage
de ces animaux, après les avoir privés de nourriture, et les lançaient par centaines les uns
contre les autres. C'était pour le peuple romain
un délicieux spectacle que de voir les ongles
tranchants, les dents acérées des lions s'enfoncer dans les chairs palpitantes des hommes, des
cerfs, des gazelles, des loups, des chiens, des ti-

gres ; ils applaudissaient en voyant couler le sang à grands flots, ou lorsque le rhinocéros et l'éléphant éventraient ou étouffaient leurs furieux adversaires.

JULES.

Mais c'est abominable! ils étaient bien méchants ces Romains!

M. LORIMER.

Le peuple de Rome était un monstre à cent mille têtes, bien digne d'être gouverné par des Néron, des Caligula et des Domitien.

JULES.

A quoi leur servaient ces dompteurs dont tu me parlais tout à l'heure?

M. LORIMER.

A dresser des animaux. Comme le grand tigre royal de l'Inde était fort rare à Rome, on ne le sacrifiait pas avec prodigalité, comme les lions et les panthères; mais les hommes appelés *bestiaires* les apprivoisaient et les dressaient à chasser le cerf, le daim, la gazelle et le chevreuil dans le cirque, que l'on transformait pour ces solennités en forêt, en y plantant des arbres. Ces tigres obéissaient à leurs gardiens, et après la représentation ils les suivaient dociles et souples comme les meilleurs chiens, et rentraient dans leurs loges. On raconte des choses merveilleuses de l'adresse de ces hommes, qui pliaient les animaux les plus forts à leur volonté, au point de

1..

contraindre l'éléphant, ce colosse animé, à monter et à danser sur la corde tendue.

JULES.

Un éléphant devait faire là-dessus une drôle de figure ; j'aurais bien voulu en voir un faire le saut périlleux ! Ainsi les dompteurs dont parle le journal existent bien réellement ?

M. LORIMER.

Oui ; ce sont deux Américains ; l'un se nomme Van-Amburgh et l'autre Carter : ayant entendu parler des hauts faits d'un autre homme, appelé Martin, qui a fait fortune en se montrant sur les divers théâtres des villes de l'Europe, où il paraissait dans une cage en compagnie d'un lion et d'une hyène, ils imaginèrent de recourir au même moyen pour s'enrichir. Van-Amburg, simple cornac d'une ménagerie ambulante d'Amérique, imita le premier Martin, sur lequel il enchérit ; et Carter, qui parut après lui, les surpassa encore en audace ; car ce dernier ne se contente pas d'entrer dans la cage de ses animaux, mais il les produit en public, sans clôture ni entraves, il les couche les uns sur les autres, les frappe, se roule sur eux, attèle un lion à un char, sur lequel il monte comme un triomphateur.

JULES.

Probablement que les dompteurs romains n'en faisaient pas autant.

M. LORIMER.

Ils faisaient mieux encore; ils dressaient des attelages complets de tigres de l'Inde. Ainsi le jeune fou qui gouverna l'empire pendant quelques instants sous le nom d'Héliogabale, voulant imiter ce que la mythologie raconte de Bacchus, parcourut Rome, couronné de pampres et de raisins, monté sur un char traîné par six grands tigres de l'Inde, et suivi d'une foule d'hommes et de femmes vêtus en satyres et en bacchantes. On a vu de même, dans les rues de Varsovie, un prince polonais se faire traîner par un attelage d'ours blancs.

JULES.

Si j'en voyais autant, je n'aurais pas assez de jambes pour courir aussi vite que je le voudrais.

M. LORIMER.

Tu aurais tort; la peur est indigne de l'homme : avec du courage et du sang-froid on se tire presque toujours des plus grands dangers. Il faut donc s'habituer à ne jamais s'effrayer, mais bien apprécier à l'instant même la position où l'on se trouve, et à calculer en même temps les meilleurs moyens d'y faire face. Les malheurs sont ordinairement la suite de la crainte et de la faiblesse du courage.

JULES.

Mais se rencontrer en face avec un lion, un tigre, ou des ours blancs!

M. LORIMER.

S'ils ont subi le joug de l'homme, ils sont peu
à craindre; dans leur état de nature, ils sont
bien moins redoutables qu'on ne le pense. Dans
l'Inde, les chasseurs de tigres sont obligés de
tirer sur ces animaux plusieurs fois, avant de
les contraindre à suspendre leur fuite et à se défendre. Victor Jacquemont, intrépide voyageur
français, mort il y a quelques années, avait
conçu le plus grand mépris pour le tigre; il se
plaint quelque part de ne pouvoir parvenir, quoi
qu'il fasse, à en voir un de près; ils ne savaient
que fuir comme de timides lièvres. Le frère de
notre illustre astronome Arago, qui a voyagé
autour du monde, raconte, dans un de ses curieux récits, qu'un horloger français, établi au
cap de Bonne-Espérance, n'a pas de plus grand
plaisir que d'aller seul chasser le lion dans les
environs du Cap; un jour, il en rencontra un
de la plus grande taille, qui n'osa jamais l'attaquer le premier, quoiqu'il se fût avancé si près
de lui que leurs haleines se confondaient : le
chasseur tenait le lion au bout de son fusil; mais
il avait eu le caprice de ne pas être ce jour-là
le premier agresseur, il attendait que l'animal
commençât l'attaque; le lion, après l'avoir fixé
et être revenu près de lui plusieurs fois, se mit
à courir et disparut.

JULES.

Je lui souhaite bien du plaisir ; mais jamais je n'accompagnerai ce monsieur à la chasse.

M. LORIMER.

C'est que tu es un poltron. Eh bien ! je vais te raconter ce qui est arrivé à un homme de ma connaissance, lorsqu'il était encore enfant. Antonio Silveira de Los Valles est né à Fernam-bouc, au Brésil ; son père avait l'habitude de passer une partie de la saison des chaleurs dans un domaine qu'il possédait dans une province de la frontière méridionale, près d'une immense forêt vierge habitée par des jaguars, des singes, des tajurs, et une foule de reptiles dangereux. C'était un redoutable voisinage, selon nos idées européennes ; pour les Brésiliens de l'intérieur, il est assez indifférent : aussi le jeune Antonio n'avait jamais pensé qu'il pouvait y avoir du danger à se promener dans un pareil repaire. Un jour donc qu'il y faisait sa course habituelle, il aperçut un jeune ouistiti (1) qui poursuivait des insectes ; l'idée lui vint de s'emparer de ce singe, qui paraissait avoir quitté depuis peu sa mère. L'ouistiti, serré de près, se jeta dans un fourré fort épais, où il disparut promptement. Cependant Antonio ne voulut pas abandonner la

____

(1) Espèce de singe qui vit à terre dans l'Amérique méridionale.

proie qu'il ambitionnait : il s'enfonce bravement dans le fourré, écarte les lianes qui lui font obstacle, se croit sur les traces de son singe, parce qu'il voit à quelque distance de hautes herbes s'agiter ; il arrive dans cet endroit, où il trouve cinq jeunes jaguars qui pouvaient avoir un mois, et qui jouaient ensemble. La mère n'était pas au gîte ; il en prend deux, et retourne sur ses pas. A peine sorti du bois, il entend les cris de fureur du jaguar femelle, qui, ne trouvant pas ses petits, se mit à la poursuite du ravisseur. Bientôt il découvre l'animal qui arrivait en bondissant. Antonio s'arrête, jette un des petits à quelques pas de lui, et tire un long poignard dont il était armé, suivant l'usage du pays. Ce jaguar s'arrête, ramasse avec sa gueule, à la manière des chats, son petit, et reprend sa course vers la forêt pour le reporter au gîte. L'enfant brésilien, au fait des mœurs de ces animaux, avait compté sur cette circonstance, et calculé qu'avant le retour du jaguar il serait rentré chez son père ; cependant, quoiqu'il eût hâté le pas, il fut trompé par la célérité de l'animal. Antonio avait atteint les murs d'enceinte de l'habitation, déjà il n'était plus qu'à six pas de la porte, lorsqu'il entend de nouveau le jaguar. Il se retourne, et voit qu'il sera atteint au moment même où il touchera la porte. Il peut éviter le danger en jetant l'autre petit ; mais il

voudrait conserver son prisonnier; il se fait un
point d'honneur de le rapporter en trophée à son
père. Il tenait son arme à la main : sans pousser
un cri, sans appeler à son secours, il se prépare
à résister à l'ennemi et à le vaincre. Il s'appuie
contre le mur, et laisse tomber le petit à ses
pieds. Tout ça n'avait demandé qu'un instant.
La femelle s'arrête une seconde, comme indé-
cise si elle se vengera ou si elle sauvera sa pro-
géniture; enfin l'amour maternel l'emporte, elle
baisse la tête pour ramasser son petit. C'est là
que l'attendait Antonio. Rapide comme la pensée, il se précipite sur le dos de l'animal en lui
enfonçant son fer dans le flanc; il se lève non
moins vite et recule de quelques pas. Le jaguar
furieux s'était brusquement retourné; il cherche
à se relever, mais la douleur semble le clouer à
terre. C'était un terrible spectacle que de voir
le redoutable animal, la gueule ouverte, la langue pendante, les yeux étincelants, les pattes
étendues, semblant prêt à s'élancer avec rage;
Antonio, toujours calme et sur la défensive, le
fixait et serrait fortement la poignée de son
arme. Enfin, le jaguar fait un puissant effort, il
bondit; l'enfant s'écarte rapidement, et la bête
féroce retombe à l'endroit même où tout à l'heure
était son ennemi; le poignard se plonge une
seconde fois dans le flanc du jaguar, qui pousse
un cri terrible et meurt; la lame lui avait tra-

versé le cœur. Ce cri avait été entendu de l'intérieur. La mère d'Antonio pense que son fils
est dehors ; éperdue, elle appelle ; les nègres accourent ; on sort, et l'on voit l'héroïque enfant
tenant le petit vivant sous un bras, et s'efforçant
de traîner vers la porte l'animal qu'il venait
d'immoler.

JULES.

Ah ! je respire ! j'ai bien cru que le pauvre
Antonio servirait de pâture à la mère et à ses
petits. A sa place je serais mort de frayeur, rien
qu'en trouvant le gîte du jaguar.

M. LORIMER.

C'est que tu n'es qu'un Parisien... Pour te
familiariser avec la vue de ces animaux, je te
conduirai aujourd'hui au Jardin des Plantes, et
lorsque tu auras vu le lion, le tigre, les ours vivants, les singes et le cabinet, je te donnerai
quelques instructions sur l'histoire naturelle.

JULES.

Ah ! papa, quel bonheur ! comme je vais bien
m'amuser.

⁂

Les deux interlocuteurs dont je viens de vous
rapporter la conversation étaient un ancien offi-
cier général, retiré du service après d'honorables

campagnes, et son jeune fils dont il se plaisait à faire lui-même l'éducation ; c'était sa plus chère occupation, et il en était amplement récompensé par l'attention que Jules portait à ses instructions, et par la constante application de cet enfant à remplir ses devoirs.

Dans l'après-midi du jour où avait eu lieu l'entretien, M. Lorimer, selon sa promesse, mena Jules au Jardin des Plantes. En s'y rendant il lui apprit l'origine de cet établissement, qui, destiné primitivement à la culture des plantes médicinales pour les pauvres, porta d'abord le nom de Jardin des Apothicaires ; c'est à l'illustre Buffon que l'on doit les galeries d'histoire naturelle, si riches aujourd'hui. La ménagerie y a été transportée de Versailles, après la révolution. Cette magnifique création, sans rivale en Europe et même dans le monde entier, prend chaque année de nouveaux accroissements; on vient d'y terminer d'admirables galeries minéralogiques, des serres qui semblent une réalisation des jardins des fées, où, sous la direction d'hommes savants, on cultive les plus admirables plantes des contrées équatoriales des deux mondes.

CHAPITRE II.

Les Animaux en général. — Les Mammifères.

Le lendemain de la visite au Jardin des Plantes, Jules ne parlait que de ce qu'il avait vu la veille. Le palais des singes avait excité son admiration; il riait encore du magot qui, lorsque ses pétulants camarades le taquinaient par trop, grimpe au faîte de la coupole, se met gravement à carillonner avec une cloche dont le son met en fuite la foule turbulente. Les ours, si grotesques dans leurs postures, l'avaient aussi beaucoup amusé; enfin il décrivait pompeusement la promenade de la girafe, la masse informe de l'éléphant, et les allures pleines de souplesse des lions et du tigre. Le jaguar surtout avait attiré son attention; il ne concevait pas comment en Amérique de simples enfants osent affronter ce terrible animal. Depuis le matin, Jules s'attachait à chaque personne de la maison qu'il rencontrait pour lui parler de ce qu'il

avait vu. Après le dîner, M. Lorimer le conduisit dans son cabinet, et lui dit : — Mon cher
enfant, pour que notre promenade d'hier te soit
utile, nous aurons ensemble plusieurs entretiens
qui graveront dans ton esprit les notions d'histoire naturelle nécessaires à ton âge, et te don-
neront des idées nettes et précises sur ce sujet
intéressant.

JULES.

Si tu és content de moi, papa, veux-tu com-
mencer dès aujourd'hui?

M. LORIMER.

Très volontiers... Tiens, voici une gravure,
examine-la et tâche d'en découvrir le sujet.

JULES.

C'est, je crois, Adam et Eve dans le Paradis
terrestre, entourés de tous les animaux...
Comme il y en a! Les uns semblent se proster-
ner, les autres descendent du haut des airs, les
autres sortent du fond des eaux. Je reconnais le
chameau, le bœuf, le lion, l'éléphant, le zèbre,
le cerf, l'aigle, et une foule d'autres.

M. LORIMER.

Dieu avait achevé le magnifique ouvrage de
la création, l'homme existait, et la première
femme, sortant depuis quelques instants des
mains du Tout-Puissant, venait de recevoir la
mission d'embellir l'existence du père du genre
humain. Adam dès lors pouvait communiquer

ses pensées à un être doué comme lui d'une âme
riche du don magnifique de l'intelligence ; Eve
jouissait avec extase de la vie, tout était pour
elle un sujet d'admiration, lorsque son époux
voulut lui faire connaître les beautés du lieu de
délices leur séjour, et les êtres animés sujets de
son empire. Tous les deux se placèrent sur un
lieu élevé qu'ombrage un palmier majestueux : à
la voix d'Adam toutes les créatures s'approchent
en foule, et comme si, à cette époque primitive,
leur instinct était plus voisin de l'intelligence
que dans les âges de déchéance, ils semblent
témoigner par leurs regards les respects qu'ils
doivent aux deux rois de la création, formés à
l'image de Dieu, et qui portent empreint sur le
front le signe de leur divine origine. Adam
nomme ensuite chacun de ces animaux à sa
compagne, qui les admire et est plongée dans
un ravissement ineffable. Tel est le moment que
l'artiste a choisi pour sujet.

JULES.

Cette gravure conviendrait parfaitement
comme frontispice à un ouvrage d'histoire naturelle, puisqu'elle retrace l'image de diverses
classes d'êtres animés.

M. LORIMER.

C'est pourquoi j'attire sur elle ton attention ;
ne t'inspire-t-elle pas quelque réflexion ?

JULES.

Oui, elle me rappelle celle que je faisais hier dans le cabinet d'histoire naturelle : que le nombre des animaux est bien grand, et que je ne comprends pas comment on peut en retenir les noms et les distinguer les uns des autres.

M. LORIMER.

C'est cette connaissance qui constitue la science de l'histoire naturelle, science que tu es trop jeune encore pour approfondir; mais, si tu veux, je te donnerai, dans ce qui ne te paraît qu'un choas, un moyen de porter l'ordre et la lumière.

JULES.

Si je le veux! c'est mon plus grand désir; tu peux compter sur mon attention et sur ma reconnaissance.

M. LORIMER.

Commençons donc. Pour mettre de l'ordre dans l'étude de l'histoire naturelle, les naturalistes ont divisé par classe tous les êtres de la création; ils ont donné le nom de règne inorganique à la classe qui comprend les corps bruts et inanimés, comme les pierres, les métaux, l'eau et l'air.

JULES.

Que signifie inorganique?

M. LORIMER.

Ce mot veut dire sans organes. Les organes sont toutes les parties du corps nécessaires au maintien de l'existence et au service du corps, comme les yeux, les oreilles, les narines, la langue, les mains, que l'on appelle organes des sens ; les membres, la peau, le cœur, l'estomac, les intestins, etc.

La seconde classe comprend donc les êtres qui possèdent des organes ; elle forme le règne organique.

JULES.

Ainsi celle-là renferme tous les animaux ?

M. LORIMER.

Et plus encore, les arbres et les plantes de toute espèce.

JULES.

Comment ? mais je ne leur vois pas d'organes ; un arbre n'a ni yeux, ni mains, ni cœur, ni intestins. — Il n'est pas vivant.

M. LORIMER.

Pourquoi donc dis-tu que ton rosier est mort ?

JULES.

Parce qu'il ne donne plus ni feuilles, ni roses, et qu'il est tout sec.

M. LORIMER.

C'est qu'il était vivant lorsqu'il te donnait ces jolies productions ; les organes d'un végétal sont la racine, la tige, les branches, les feuilles, les

fleurs, les fruits ; dans la plante il y a des vaisseaux, et dans les vaisseaux de la sève, liqueur
qui circule comme le sang dans notre corps.

JULES.

Ce qui vit, se nourrit ; et les plantes ne mangent pas.

M. LORIMER.

Pourquoi fume-t-on la terre avant d'ensemen-
cer et de planter ? Ce fumier est la nourriture
de la plante, qui s'en empare non par une seule
bouche, mais par des milliers de bouches fixées
sur les filets les plus déliés de la racine. Les
plantes respirent aussi comme toi, mais par
leurs feuilles. Tu vois donc qu'elles sont vivantes.

JULES.

C'est vrai ; mais je ne m'en doutais pas.

M. LORIMER.

Continuons. Le règne organique se divise,
comme tu le vois, en végétaux et animaux ;
puis on subdivise les animaux en deux autres
grandes classes, suivant qu'ils ont ou n'ont pas
d'os.

JULES.

Comment ? des animaux sans os ?

M. LORIMER.

Certainement ; le hanneton, la mouche, la
limace, ont-ils des os ?

JULES.

Non, vraiment.

M. LORIMER.

Il y a donc des animaux qui ont des os, et d'autres qui n'en ont pas.

On appelle les premiers vertébrés, parce qu'ils ont une épine du dos formée d'os nommés vertèbres; les autres sont dits invertébrés ou sans vertèbres.

La division des vertébrés se partage en quatre classes :

1° Les mammifères, comprenant les animaux qui nourrissent leurs petits de lait jusqu'à ce qu'ils soient assez forts pour chercher eux-mêmes leur subsistance. Le chien, le cheval, le bœuf, le lion, sont des mammifères.

2° Les oiseaux qui sont couverts de plumes, qui ont un bec au lieu de bouche et de dents, qui se soutiennent dans l'air avec des *ailes*, et qui pondent des œufs qu'ils couvent ensuite pour donner naissance à leurs petits.

3° Les reptiles dont la peau est chez la plupart couverte d'écailles, qui traînent leur ventre sur la terre en marchant, et qui pondent des œufs comme les oiseaux.

4° Les poissons, destinés à vivre dans l'eau où ils se meuvent avec des nageoires qui leur tiennent lieu de membres.

La classe des invertébrés se subdivise à son tour :

1° En mollusques, animaux mous, qui vivent pour le plus grand nombre dans les coquillages de la mer, comme les huîtres, les moules, etc. Sur terre, nous avons les limaces et les limaçons.

2° Les animaux articulés, qui ont une peau dure formant diverses pièces mobiles articulées entre elles. Un orange dans la classe des articulés les insectes, les écrevisses ou crustacés, les araignées et les vers.

3° Enfin les animaux rayonnés, qui sont les plus simples de tous en organisation ; ils sont formés de rayons mobiles disposés autour d'un corps en forme de sac qui n'a qu'une ouverture pour prendre les aliments et rejeter le résidu de la digestion ; dans cette classe se trouvent surtout les polypes, les étoiles de mer, etc.

JULES.

Je commence à m'y reconnaître ; je crois que je pourrais entreprendre de former un cabinet d'histoire naturelle ; j'aurais une chambre pour chaque classe.

M. LORIMER.

Tu es bien présomptueux... Et comment mettrais-tu de l'ordre dans chaque chambre ? par exemple, dans ton cabinet de mammifères, on verrait le singe à côté du lion, le rat à côté de l'éléphant. Une classe, vois-tu, est elle-même

2

subdivisée en ordre, puis l'ordre en genre, **et**
chaque genre en espèces ; et, avant de connaître
tout cela, il est impossible d'entreprendre **la**
moindre production naturelle. Mais c'est assez
pour aujourd'hui de ce que je t'ai appris ; **nous**
reprendrons demain notre conversation.

CHAPITRE III.

Les Mammifères. — Le Mousse et les Jockos. — **Le**
Taupier désappointé. — Le Garde de Fontainebleau.
— Le Loup de M. de l'Etang. — Le Lion et le
Zouave.

M. LORIMER.

Je te parlerai aujourd'hui des **mammifères,**
qui forment la première classe des animaux vertébrés. On divise la classe des mammifères en
neuf ordres. 1° Les bimanes, division qui renferme la race humaine et ses variétés ; savoir : la
variété blanche ou indo-européenne. 2° **La**
variété noire ou éthiopique, qui habite l'Afrique.
3° La variété jaune ou mongolique, qui se trouve
dans l'Asie orientale, où elle peuple la Chine, la

Cochinchine, le Thibet et la Tartarie. 4° La variété rouge, formée de peuplades sauvages de l'Amérique.

Le second ordre est celui des quadrumanes ; il se compose des nombreuses tribus de singes : quadrumanes veut dire qui a quatre mains. En effet, les singes n'ont pas le pied conformé comme le nôtre ; il est plat, les doigts en sont allongés, flexibles, disposés pour saisir comme notre main, et c'est en effet une véritable main fort adroite.

JULES.

Oui, je me rappelle que les singes du Jardin des Plantes se suspendaient par les pieds, et qu'ils saisissaient leurs barreaux aussi bien avec cette partie qu'avec les mains.

M. LORIMER.

Au lieu de dire qu'ils se suspendaient par les pieds, tu diras désormais par les mains inférieures, puisqu'ils ont quatre mains, et que l'homme seul est *bimane*, c'est-à-dire pourvu de deux mains. Les singes se divisent en singes proprement dits, qui habitent l'Asie et l'Afrique, et en singes à nez plat qui se trouvent en Amérique. Les vrais singes se subdivisent en plusieurs genres, les pongos ou jockos, les gibbons, les macaques, les cynocéphales et les guenons. Les pongos se trouvent en Afrique, dans les royaumes du Congo et de Loango, et en Asie dans les grandes îles de Bornéo et de Sumatra ; ils ont communément de cinq pieds et demi à six pieds de hauteur ; leur force est prodigieuse ; un seul d'entre eux peut terrasser dix hommes. De tous les singes ce sont ceux qui se rapprochent le plus de l'homme par les formes, et surtout par un instinct qui semble voisin de l'intelligence. En voici un exemple. Le navire du Havre *la Belle-Amélie*, qui naviguait dans la mer de la Malaisie pour compléter un chargement d'épices, fut surpris, le 24 septembre 1835, par un coup de vent violent, et brisé contre un rocher. Malgré les efforts inouïs de l'équipage pour résister à la tempête, la *Belle-Amélie* sombra, ceux qui la montaient périrent dans les flots ; il n'y eut de sauvé qu'un jeune mousse, nommé Charles Héraut, de Rouen, alors âgé de quinze ans, qui, au moment du désastre, était occupé à couper le mât d'artimon. Un fragment de rocher sur lequel le mât vint frapper, lorsque le bâtiment s'enfonça sous les ondes, acheva de briser cette pièce de bois. Héraut retomba sur les flots, embrassant un fragment détaché du mât, puis une vague le jeta sur le roc où elle le laissa à sec en déferlant. Le naufragé trouva un abri dans une cavité du rocher, encore fut-il obligé de le disputer à d'énormes crabes qui y faisaient leur demeure. La tempête dura environ douze heures, après quoi le ciel redevint clair et serein, le soleil se leva dans toute la magnificence qu'il déploie sous les tropiques, et le jeune Héraut sortit de son antre pour reconnaître le lieu où la Providence l'avait conduit. Hélas! c'était un îlot de quelques mètres d'étendue, sans verdure, sans eau douce, et n'offrant aucune ressource; il y avait de quoi décourager l'homme le plus intrépide. Dans le premier moment, Héraut fut tenté de se précipiter à la mer pour abréger les souffrances de la longue agonie qu'il prévoyait, mais tout-à-coup sa pensée se reporta sur sa mère, en un instant toute son enfance sembla se reproduire à ses yeux; il voyait l'humble demeure où il était né, le berceau qu'il avait partagé avec ses frères, le christ d'ébène et d'ivoire suspendu au-dessus de ce premier asile de son enfance. Alors lui revinrent à l'esprit les sages instructions de cette mère qui ne lui avait donné que les principes les plus purs et les plus chrétiens; il se rappela qu'elle lui disait que l'homme a reçu de Dieu l'existence, et qu'il ne peut en disposer; que Dieu seul est le maître de la reprendre. Il se dit: Puisque Dieu m'a sauvé hier, il ne m'abandonnera pas aujourd'hui; courage donc, et espérance. Après avoir eu cette bonne pensée, il reporta ses yeux sur la mer, il aperçut dans le lointain une terre couverte d'arbres verdoyants. Cette vue le ranima tout-à-fait, et il ne songea plus qu'aux moyens d'atteindre cette terre où il serait sauvé.

2.

Mais le besoin impérieux de la faim se faisait sentir, et avant tout il fallait l'apaiser. Héraut pensait bien aux crabes importuns de la nuit; mais comment se résoudre à manger leur chair crue. L'idée lui vint de rassembler des plantes marines qui croissaient en abondance à la base du rocher, et de les exposer à l'ardeur du soleil. Pendant qu'il se livrait à ce travail, il amena avec plusieurs des grands goëmons (1) quelques moules et quelques huîtres qui lui servirent de déjeûner. Pendant que les herbes séchaient au soleil, Héraut se mit à la recherche des crabes; il en découvrit un énorme dont il évita difficilement les pinces tranchantes, mais qu'il parvint enfin à tuer en se servant d'une pierre comme d'un marteau, et qu'il fit cuire sur ses goëmons desséchés. Ses forces ainsi réparées, il avisa aux moyens de sortir de l'îlot. Gagner la terre à la nage était impossible; malgré le calme de la mer, ses forces n'auraient pu suffire à une telle entreprise. Que faire donc? Comme le naufragé était dans cette anxiété, il aperçut plusieurs tonneaux et quelques pièces de bois que la vague roulait sur une petite plage de sable; il courut de ce côté, dans l'espoir de tirer parti de ce secours inespéré. Avec beaucoup de travail il parvint à mettre à l'abri de la marée plusieurs

(1) Plantes marines.

tonneaux et six pièces de bois assez grosses, provenant de la membrure du vaisseau; il avait
découvert sous l'eau quelques caisses engagées
dans les pointes du rocher, mais ses forces
n'avaient pu suffire à les dégager. Des tonneaux
provenant du sauvetage, l'un contenant du vin
de Bordeaux, qui lui fut d'un grand secours pour
calmer la soif qui le tourmentait, un autre ren-
fermait des cordes goudronnées, et le reste des
tripangs salés; c'est une sorte de mollusque que
l'on pêche sur les côtes des îles de l'Océanie pour
importer en Chine, où on les regarde comme un
mets très délicat. Héraut passa la seconde nuit
après son naufrage dans l'antre des crabes, et le
lendemain il se remit à l'ouvrage. A l'aide de
ses cordes, il repêcha des planches, et parvint à
dégager une des caisses échouées entre les an-
fractuosités du roc : ô bonheur inespéré, cette
caisse contenait des clous, une scie, plusieurs
marteaux, une hache et des barres de fer. Dès
lors son plan fut bientôt fait, il allait construire
un radeau et se diriger vers la terre. Une circonstance néanmoins l'inquiétait : depuis qu'il habitait le rocher, il n'avait pas vu la moindre embarcation ; il craignit que la côte qu'il avait en
vue ne fût celle d'une île déserte. En cinq jours
le radeau fut construit; Héraut y plaça le tonneau de vin de Bordeaux, une tonne de tripangs,
une provision de plantes marines desséchées, des

crabes et des homards cuits, les cordes goudronnées et la caisse de ferrements. Il avait façonné
plusieurs planches en manière de rames, et deux
autres fendues et armées de longs clous recourbés
lui servaient de crocs. Il aurait bien voulu placer
au centre du radeau un mât et une voile; mais il
manquait de bois pour en construire un : il lui
fallut donc se passer de ce puissant moyen de
direction. Le premier d'octobre, au soleil levant,
Charles Héraut, après avoir adressé à Dieu une
fervente prière, s'embarqua sur son frêle esquif
et commença à se diriger vers la terre qu'il avait
en vue. D'abord il gouverna facilement son
radeau, et déjà la côte se dessinait facilement;
il en distinguait les divers accidents : elle était
basse, sablonneuse et facilement abordable. A
peu de distance du rivage s'élevait une colline
admirablement boisée; mais dès que l'embarcation parvint au milieu de l'espace qu'elle avait à
parcourir, Héraut s'aperçut que, malgré ses
efforts, il s'éloignait de la côte, soit qu'il fût entré
dans un courant, ou que la mer se retirât à ce
moment; il redoubla d'énergie, mais inutilement; peu à peu la côte devenait moins distincte.
Epuisé de fatigue, il quitta les rames et se laissa
dériver, s'abandonnant à la Providence. Le pauvre jeune homme fit bien tristement un léger
repas pour réparer ses forces; il calculait combien de jours à peu près ses vivres pourraient

soutenir son existence; cependant il n'était pas
absolument découragé, et il espérait atteindre
quelques terres ou rencontrer un vaisseau. Vers
le soir, Héraut vit avec joie que la mer entraînait
le radeau dans la direction de la terre qu'il avait
en vue le matin, et que depuis plusieurs heures
il avait cessé de voir. Il reprit les rames et se
remit à l'ouvrage. Comme la mer se portait
alors rapidement vers la terre, et qu'il ramait
vigoureusement, le mousse revit bientôt la côte
s'élever au loin; le soleil se coucha, la lune vint
le remplacer et inonder de sa douce lumière
cette belle mer équatoriale, et servir de fanal au
pauvre navigateur. Vers le milieu de la nuit,
Héraut aborda heureusement; quoique exténué
de fatigue, il ne se livra pas au sommeil, incer-
tain qu'il était s'il ne courait pas quelques dangers sur cette plage. Au point du jour, Charles
Héraut vit que son radeau était posé sur le sable,
assez loin de la mer qui alors était basse; il prit un
repas restaurant, mit sur terre, le plus loin qu'il
put de la limite de la marée montante, ses pro-
visions, s'arma de la hache, du marteau et d'un
des crocs, et, ainsi équipé, partit pour reconnaître le pays. La forêt qui couronnait la colline
paraissait d'une immense étendue; il y entra :
c'était une de ces imposantes forêts vierges des
Moluques, où la hache de l'homme n'a jamais
frayé de route. Héraut admirait la majestueuse

beauté de la végétation, lorsqu'il crut entendre
les plaintes d'un homme souffrant; il écoute, les
plaintes sont distinctes; il se dirige du côté d'où
elles viennent, et bientôt il aperçoit une créature
qui lui semble humaine aux prises avec un de
ces immenses serpents que l'on nomme le python
de Java; malgré le courage de la victime, qui
frappait son ennemi à coups redoublés avec une
énorme massue, le serpent lui avait enlacé les
jambes; les anneaux du monstre, dont la gueule
était béante et les yeux étincelants, s'avançaient
déjà vers le ventre, lorsque Charles, ne consul-
tant que son courage, se précipite sur le python,
et d'un coup de hache vigoureusement porté lui
tranche la queue; le corps du serpent se détend,
il abandonne la proie qu'il avait saisie, et poussant
un affreux sifflement, la tête se redresse et se
retourne vers son agresseur. Mais la créature
dégagée porte un coup de massue sur la tête du
monstre, qui expire presque aussitôt sous les
coups redoublés de ses adversaires. Après la
victoire, les deux nouveaux alliés se regardent
mutuellement; Héraut se trouble à l'aspect d'un
géant d'au moins six pieds, couvert de longs
poils roux, ayant une figure bleuâtre, dont les
traits ont quelque ressemblance avec ceux d'un
nègre; les bras du géant sont d'une longueur
démesurée, ils dépassent les genoux, et sa massue
n'est rien autre que le tronc d'un jeune palmier.

Le géant ne paraissait pas moins surpris que le mousse ; tous deux restaient immobiles ; Charles Héraut, indécis, serrait fortement le manche de sa hache, décidé qu'il était à défendre chèrement sa vie. En ce moment des cris se font entendre ; une bande de géants semblables au premier accourait à la hâte. La troupe pousse d'abord des cris indiquant la joie ; puis, apercevant le mousse, les massues se lèvent et s'agitent avec fureur. En ce moment, celui qui devait la vie au mousse fait un signe, jette sa massue, et pose avec douceur sa main sur la tête de Charles. Les nouveaux venus se calment aussitôt, s'approchent avec curiosité du corps du serpent, dont ils examinent les plaies avec étonnement, et l'ami du jeune Héraut semble leur en indiquer la cause en leur montrant la hache. Charles, jaloux de faire connaître le pouvoir de son arme, tranche une partie du serpent à la grande joie des hommes velus, qui cependant ne proféraient pas une parole. Enfin la troupe manifesta l'intention de se retirer, et le géant sauvé par Charles fit signe à son protecteur de le suivre. Héraut, rassuré, n'hésita pas. Après une heure de marche on arriva dans une clairière immense de la forêt, où s'élevait une sorte de village formé de huttes de branchages et de terre ; c'était l'habitation des hommes velus : or, ces hommes n'étaient autres que des pongos ou orangs roux. D'après le récit de Charles Héraut, ces pongos **vivent** en société ; ils ne souffrent qu'aucun être vivant entre dans la partie de la forêt qu'ils habitent ; ils s'entr'aident mutuellement, et obéissent à l'autorité d'un chef qui leur transmet ses ordres par signes et au moyen de différents cris. En quelque temps, Héraut devint le favori de la peuplade ; c'était à qui lui apporterait des cocos et des bananes. Comme les orangs le virent chasser et manger des petits animaux, ils chassèrent pour lui : et quoiqu'ils ne se nourrissent naturellement que de fruits, néanmoins ils mangèrent **volontiers** des viandes cuites. Le feu leur causait beaucoup de plaisir, ils l'entretenaient **en y** jetant du bois ; mais ils ne voulurent jamais **en** allumer eux-mêmes en battant le briquet, quoiqu'ils apprissent aisément à imiter toutes les actions humaines. Ils n'aimaient pas à s'éloigner de la forêt ; cependant Héraut parvint **à les** attirer jusqu'à son radeau, et à leur faire transporter toute sa cargaison dans le village, où il leur donna comme salaire du vin de Bordeaux qui se trouva parfaitement de leur goût. Quoique très vigoureux et d'un courage indomptable, ces animaux étaient fort doux l'un pour l'autre ; pendant trois ans que Charles Héraut passa au milieu d'eux, il ne vit pas s'élever une seule querelle ; peines et plaisirs, fatigues et dangers, tout était fraternellement partagé. Cependant le

pauvre naufragé regrettait vivement sa patrie ;
tous les jours il allait vers la côte sans découvrir
de vaisseaux. Dans ses excursions, l'orang qu'il
avait sauvé, et auquel il donnait le nom de
Pékin, le suivait toujours ; ils revenaient le soir
à la peuplade, et souvent Pékin portait Charles
sur son dos, lorsqu'ils avaient une longue distance
à parcourir. Un jour ils ne revinrent pas ; comme
Charles était sur le bord de la mer, il aperçut un
vaisseau à l'ancre et une embarcation qui venait
à la côte : il se rendit au-devant des naviga-
teurs, qui étaient Français et montaient une
frégate employée à un voyage de découvertes.
Charles fut accueilli par le capitaine, qui le fit
inscrire sur le rôle de son équipage ; et Pékin,
qui ne voulut jamais se séparer de lui, monta à
bord, où il remplit pendant deux mois les fonc-
tions de matelot avec intelligence. Le pauvre
orang mourut de maladie à peu de distance des
côtes d'Europe.

JULES.

Ah ! j'en suis tout chagrin ; j'aimais bien ce bon
animal. Pourquoi n'y a-t-il pas de ces orangs en
France ? ce serait très agréable de les avoir pour
domestiques.

M. LORIMER.

Le climat est trop froid pour eux, ils ne peuvent le supporter ; plusieurs fois on a essayé
d'élever des jeunes orangs à Paris, mais tous y

sont morts en peu de temps. Il y a cinq ans, on voyait au Jardin des Plantes un jeune orang roux de l'île de Bornéo. Jack, comme on l'appelait, n'avait pas encore deux ans, et déjà il était aussi grand que toi. L'année dernière, le même établissement possédait une jeune femelle de chimpanzé ou orang noir d'Afrique. Mais continuons notre classification.

Les gibbons habitent l'Asie comme les orangs, ils n'ont que trois pieds de haut, et leurs bras sont si démesurément longs que les mains touchent à terre. Les cynocéphales sont de grands singes d'Afrique forts méchants, hideux, tels que le mandrill, le papion, le drill; ils tirent leur nom, *cynocéphale*, qui veut dire en grec tête de chien, de leur museau allongé comme celui d'un épagneul. Les guenons sont de petits singes, les uns vifs, malicieux, malfaisants, qui se trouvent en Afrique; les autres, plus graves et plus doux, qui habitent l'Asie.

JULES.

Mais je croyais qu'une guenon était la femelle d'un singe.

M. LORIMER.

Pas plus qu'une perruche n'est la femelle d'un perroquet. C'est le nom d'un genre : il y a des guenons mâles et des guenons femelles.

Les singes américains ont pour la plupart une queue longue et prenante, c'est-à-dire qu'ils se

servent de leur queue pour se suspendre aux arbres, et pour prendre sans se baisser les objets
qui sont un peu plus loin que la portée de leurs
mains. Ces singes sont constamment sur les arbres, à l'exception de quelques espèces qui vivent
à terre. Les sajous, les alouates, les hurleurs
sont des singes à queue prenante; l'ouistiti est
une des principales espèces de singes de terre.

Après les singes, dans l'ordre des quadrumanes, viennent les makis; ces animaux res-
semblent aux singes par leurs quatre mains,
mais leurs formes les rapprochent des autres
mammifères dits quadrupèdes. La plupart des makis se trouvent dans la grande île de Madagascar.

Le troisième ordre des mammifères est l'ordre
des carnassiers; il comprend les animaux qui se
nourrissent spécialement de proies vivantes. On
subdivise cet ordre, le plus nombreux de tous, en
cinq familles; savoir : 1° les cheiroptères; 2° les
insectivores; 3° les plantigrades; 4° les digitigrades; 5° les amphibies.

Les cheiroptères sont des animaux singuliers
par leur conformation, puisque, bien qu'ils
soient mammifères, couverts de poils, et qu'ils
se rapprochent de l'homme par leur conformation, néanmoins ils sont destinés à poursuivre
dans l'air les insectes qui leur servent de proie.
Ces animaux sont les chauves-souris; leur nom,
cheiroptère, signifie qui a des ailes aux mains.

Dans les contrées équatoriales, on trouve de grandes chauves-souris, appelées roussettes, dont plusieurs ont cinq pieds de l'extrémité d'une aile à l'autre.

JULES.

C'est ce qu'on appelle l'envergure. Mais pourquoi le nom de cheiroptère veut-il dire ailes aux mains ?

M. LORIMER.

Parce que l'aile des chauves-souris est formée par le bras et surtout les doigts prodigieusement allongés, et par la peau qui s'étend entre le corps et ces parties. La troisième famille est celle des insectivores ou mammifères qui se nourrissent d'insectes. Dans cette famille se trouvent le hérisson, la taupe, la musaraigne.

JULES.

Pour le hérisson, je le connais parfaitement ; mon grand cousin, celui que nous appelons *l'Amiral*, parce qu'il voulait être marin, en avait un. Je me souviens qu'il faisait un terrible massacre de hannetons qu'on lui servait dans de grands pots à fleurs.

M. LORIMER.

Tous les insectivores rendent de grands services en détruisant des myriades d'insectes ; aussi ne faut-il pas les détruire.

JULES.

J'aimerais bien avoir un hérisson ; mais c'est

dommage qu'il soit couvert de piquants : on ne sait par où le prendre.

M. LORIMER.

C'est là son seul moyen de défense. Lorsque quelque ennemi l'attaque, il se roule en boule et lui présente de toute part une masse inabordable d'épines cruelles.

JULES.

Oui, j'ai vu le hérisson du cousin l'amiral se rouler ainsi, quand le chien Turc voulait l'approcher.

M. LORIMER.

Puisqu'il était question, il y a trois jours, de la férocité des animaux, je te donne à deviner quels sont les plus féroces de tous ?

JULES.

Ce n'est pas difficile à deviner; c'est l'ours, le lion, le tigre...

M. LORIMER.

Pas du tout ; ce sont les insectivores, et surtout la taupe.

JULES.

Ah ! une taupe féroce !... c'est plaisant... je ne me moque pas mal du cruel animal ; il serait comique d'être dévoré par une taupe. Si je me mets montreur d'animaux, je prendrai pour enseigne : A LA TAUPE ANTHROPOPHAGE !!! et je parie faire fortune.

M. LORIMER.

Veux-tu un exemple de la férocité de ces animaux ? en voici un. J'ai dans l'enclos de Laurière une prairie qui était ravagée par les larves des hannetons, et pour détruire ces êtres incommodes j'avais demandé au taupier trois couples de taupes. Il fut les prendre à six lieues plus loin, et les mit dans sa gibecière ; rentré dans sa maison un peu tard, il différa jusqu'au lendemain à me les apporter. Lorsqu'il m'aborda, il me vanta la beauté et la vigueur de son gibier, riant en même temps de ce que je le payais pour mettre dans mon terrain des animaux que l'on détruit partout avec acharnement ; mais je ris à mon tour de son étonnement, quand, au lieu de six taupes, il n'en trouva plus qu'une, magnifique à la vérité. Le pauvre homme était stupéfait ; la gibecière fermait hermétiquement, elle n'avait pas le plus léger trou, et de plus, si cinq avaient trouvé le moyen de s'échapper, la sixième les aurait suivies. J'eus bien de la peine à lui faire comprendre que les taupes se nourrissent de vers, de limaçons, d'insectes, de crapauds, de grenouilles, de mulots, de souris, et de mille animaux malfaisants ; que la taupe ressent une faim insatiable, et que si deux taupes restent sans nourriture dans le même endroit, la plus forte dévore la plus faible ; et qu'ainsi de ses six prisonnières il n'était resté après plusieurs combats que les deux plus vigoureuses, dont l'une des deux avait à son tour dévoré l'autre. Le brave taupier, tout interdit, me pria de donner des vers à la taupe survivante ; il la vit avec consternation les dévorer à l'instant, puis saisir par le ventre et dévorer de même avec rage une souris qui se trouva vivante dans une souricière. Alors mon homme, les larmes aux yeux, me dit : N'en parlez, je vous prie à personne, car je serais ruiné.

La famille des plantigrades renferme tous les carnassiers qui ont le pied court, et qui en posent la plante sur le sol en marchant ; c'est à cette manière de poser le pied que la famille doit son nom, *plantigrade*, qui marche sur la plante du pied, *grade* venant du mot latin *gradior,* je marche. Dans cette famille sont rangés les ours, les blaireaux, les ratons, animaux d'Amérique qui ont de la ressemblance avec le renard.

JULES.

Et l'ours est-il très féroce ?

M. LORIMER.

Tu veux dire très carnassier. L'ours brun des Alpes, l'ours roux des Pyrénées, sont omnivores, et vivent autant de racines que de chair ; jusqu'à l'âge de trois ans, ils ne mangent que des racines et des fruits. L'ours noir d'Amérique préfère les fruits et le miel à la viande ; l'ours jongleur de l'Inde ne mange jamais de chair ; il n'y a que

l'ours blanc qui soit plus carnassier que frugi-
vore, et cela tient aux contrées polaires peu
fertiles qu'il est destiné à habiter.

JULES.

Oh! l'ours blanc, il est bien méchant! j'ai lu
sur lui de terribles histoires.

M. LORIMER.

Oui, de grands mensonges de voyageurs. Tu
remarqueras surtout que ces attaques d'ours
blancs arrivent, selon les récits, pendant l'hiver,
au milieu des neiges; eh bien! à cette époque,
l'ours est engourdi et souvent enseveli sous
vingt à trente pieds de neige durcie. L'ours blanc
se défend quand on cherche à le tuer; il devient
redoutable lorsque la faim le presse : il a cela de
commun avec tous les autres animaux. Il est plus
importun que méchant; il est curieux, il s'approche sans trop de crainte de l'homme, parce
qu'habitant des contrées désertes il éprouve rarement la force de ses armes ; et comme il est
toujours fort mal reçu dans ses visites, il se
fâche, il résiste : de là sa mauvaise réputation.
Du reste, qu'on le nourrisse bien, qu'on le soigne, et il devient traitable et même familier.

JULES.

De quoi se nourrit l'ours blanc?

M. LORIMER.

De phoques, de morses, de baleines mortes et
de poissons.

La quatrième famille, celle des digitigrades, comprend les animaux dont les pieds sont très longs et les doigts très courts, de sorte qu'en marchant ils ne posent que sur l'extrémité des doigts. Aussi chez ces animaux ce qu'on appelle jambe est le pied, ce que l'on nomme cuisse est la jambe, et la cuisse ne se voit pas, étant cachée sous la peau où elle forme la croupe. Parmi les digitigrades on compte les martes, petits animaux dont le corps est très allongé et la fourrure fine et recherchée ; elles sont très carnassières, et se nourrissent d'œufs, d'oiseaux, d'insectes et de reptiles ; la belette, la fouine, l'hermine, le furet, appartiennent au genre marte.

JULES.

C'est très joli un furet ; je voudrais bien en avoir un.

M. LORIMER.

Ce petit animal est très dangereux, et de plus il répand une odeur insupportable.

_ JULES.

Et pourquoi le furet est-il dangereux ?

M. LORIMER.

Comme il est originaire d'Afrique, pour le conserver dans nos climats, il faut beaucoup de soins ; il faut le tenir bien chaudement enfermé dans de l'étoupe ou de la filasse, le nourrir de lait, d'œufs, et rarement de viande de poulet cuite. Il en résulte que l'animal éprouve un désir

.3.

très violent de prendre une nourriture plus convenable à la nature, qu'il parvient quelquefois à s'échapper et attaque les animaux de la maison, quelquefois même de jeunes enfants.

JULES.

Comment! des enfants ont été tués par des furets ?

M. LORIMER.

Malheureusement, cet accident arrive quelquefois. Il a causé la ruine d'un malheureux garde que j'ai bien connu.

Michel Servais était un brave grenadier de la garde impériale, renommé par son adresse pour le tir du fusil, adresse dont plus d'un ennemi de la France avait eu à se plaindre. Gravement blessé à Austerlitz, Michel reçut, non sans verser des larmes, son congé, une pension de 600 francs et une place de garde-chasse dans la forêt de Fontainebleau. C'était là certainement une belle et honorable retraite; mais elle ne pouvait suffire à dissiper le chagrin que ressentait Michel en quittant l'armée. Pour lui, la guerre c'était la vie; voir l'Empereur, il ne pouvait imaginer de plaisir plus vif, et il pensait qu'il ne serait plus là aux prises avec l'ennemi, et qu'il lui faudrait attendre la paix pour entrevoir à la chasse son Empereur. Je ne te dirai pas combien Michel souffrit au départ de Napoléon pour l'île d'Elbe, et surtout à sa seconde chute, après le désastre de Waterloo. Il fut longtemps malade. Michel, dans les derniers temps de l'empire, avait épousé une jeune fille du village de Thomery, et il demeurait avec sa jeune famille dans les ruines d'un antique ermitage, près de la roche qui pleure. En 1819, il venait d'avoir un troisième enfant, circonstance à laquelle il dut sa perte ; car le gouverneur du château prit la femme du brave Michel pour nourrice. Habituellement la nourrice séjournait au château de Fontainebleau ; mais elle obtenait de temps à autre la permission de venir à l'ermitage, pour mettre de l'ordre dans sa maison et voir ses enfants. Un jour le capitaine des chasses fit prévenir Michel qu'il viendrait chasser le lapin au terrier, et que tout fût prêt pour l'heure qu'il indiquait. Le garde, pour rendre les furets plus actifs, les laissa jeûner ; en attendant l'arrivée des chasseurs, il alla boucher les terriers qu'il savait être les mieux peuplés. Pendant cet intervalle la nourrice était venue, et elle avait déposé son nourrisson, un joli petit garçon, dans le berceau d'une de ses filles ; puis elle était sortie pour voir les abeilles, dont les ruches se trouvaient au milieu des roches, à deux cents pas de la maison. A peine était-elle sortie qu'un furet affamé parvint à s'échapper du tonneau où on le conservait ; il pénètre dans la chambre, monte sur le berceau, ouvre une veine du cou du pauvre petit garçon, se gorge de sang, puis lui attaque les yeux. Juge quel fut le désespoir de la nourrice, lorsque, attirée par les cris du malheureux enfant, elle le vit dans cet état. Le saisissement qu'elle éprouva fut si vif qu'on la mit en terre peu de jours après. Quant à l'enfant, on le sauva ; mais il est resté aveugle et défiguré. Le gouverneur indigné s'en prit à Michel ; quoique innocent du défaut de surveillance de sa femme, il lui fit perdre sa place. L'ancien soldat, dans l'amertume de sa douleur, voulut quitter la France ; il s'embarqua pour les États-Unis, le bâtiment fit naufrage, et Michel périt avec ses enfants dans la traversée.

JULES.

Oh bien ! jamais je n'aurai de furets ; je n'en veux plus. Ce pauvre Michel ! cette histoire m'a fait beaucoup de peine.

M. LORIMER.

Après les martes viennent les civettes, dont le ventre porte une poche remplie d'une matière très parfumée ; puis les loutres, qui ont une fourrure épaisse ; le corps plat et bas sur jambes, et les doigts unis par une membrane qui les transforme en nageoires ; aussi les loutres, comme tous les animaux dont les pieds sont ainsi conformés, vivent sur le bord des eaux, nagent très bien, et se nourrissent de poissons. Les hyènes suivent les loutres dans la classification ; puis

viennent les deux grands genres des chiens et
les chats.

JULES.

Les chiens et les chats, pourquoi les nommes-
tu deux grands genres?

M. LORIMER.

Parce qu'ils sont composés de nombreuses et
importantes espèces. Ainsi le genre chien compte
parmi les siennes les loups, les renards, et toutes
les variétés de chiens domestiques. Dans le genre
chat sont compris : le lion, le tigre royal, la
panthère, le léopard, le jaguar, le couguard,
l'ocelet, le marguay et plusieurs autres chats de
l'Amérique et de l'Asie, le chat domestique, et
enfin les lynx, dits communément loups-cerviers.

JULES.

Quoi! le lion, le tigre, ne sont que des chats?

M. LORIMER.

Oui; examine bien ton chat, tu lui trouveras
toute la démarche et les allures du tigre; ce sont
les mêmes mœurs, les mêmes habitudes. Tous
ces animaux font entendre le même murmure
sourd lorsqu'on les caresse, ce murmure que tu
compares au bruit d'un rouet; tous font patte de
velours en jouant, parce que leurs ongles sont
rétractiles, c'est-à-dire susceptibles d'être rele-
vés au-dessus du doigt et cachés sous les poils.

JULES.

J'aime mieux le genre des chiens que celui des

chats ; au moins les chiens sont bons, ils s'attachent à leur maître, et sont reconnaissants.
Quand je dis les chiens, je ne veux parler ni du
loup, ni du renard.

M. LORIMER.

Le chien domestique nous donne des exemples
continuels d'attachement ; mais considère aussi
que sa domesticité remonte bien haut, au-delà
même des temps historiques, qu'il est passé dans
sa nature de vivre avec un maître et de lui être
fidèle. Mais c'est une erreur de penser qu'il en
est autrement des divers animaux ; je vais, pour
te convaincre, te citer quelques exemples.

M. de l'Etang était louvetier dans le départe-
ment du Jura. Un louvetier est un riche pro-
priétaire qui peut avoir un équipage de chasse,
une meute, et que le gouvernement charge de la
destruction des animaux dangereux, tels que le
loup. Un jour donc que ce monsieur était en
chasse dans une forêt, ses limiers découvrirent
la retraite d'une louve qui allaitait cinq petits.
L'animal se défendit avec vigueur, comme une
mère dont la famille est menacée dans son
existence. On la tua néanmoins ; quatre de ses
louveteaux eurent le même sort ; mais M. de
l'Etang eut le caprice d'en garder un, qu'il fit
nourrir par une chienne de basse-cour. En quelques mois le jeune loup devint fort, et il s'attacha
tellement à son maître qu'il ne voulait plus le

quitter. Il vivait au salon, la nuit il couchait sur
le tapis de pieds auprès du lit; il apprit à aboyer
comme les autres chiens de la maison, et se
laissa dresser à la chasse comme le meilleur des
épagneuls. M. de l'Etang avait des propriétés à
la Martinique, et une affaire grave l'appela dans
cette île. A son départ, il confia son loup à un de
ses frères qui habitait Paris, craignant qu'on
n'en prît pas assez de soin dans sa maison. Le
loup fut longtemps malade du chagrin qu'il
conçut de l'absence de son maître; il hurlait
sans cesse; si bien qu'il devint insupportable à
tous les habitants de la maison, et qu'on prit le
parti d'en faire don aux professeurs du Jardin des
Plantes. M. de l'Etang fut retenu sept ans à la
Martinique; enfin il put revoir la France. Comme
on lui avait caché la manière dont on avait dis-
posé de son animal favori, il se faisait une joie
de le retrouver chez son frère, et il désirait
vivement éprouver si le loup, après une si longue absence, le reconnaîtrait. Son mécontente-
ment fut extrême quand il sut que le loup ne lui
appartenait plus. Il partit immédiatement pour
le Jardin des Plantes. En passant devant les
cages de la ménagerie, il entend tout-à-coup les
cris réitérés et les bonds d'un animal; il s'arrête:
c'était son loup qui faisait mille efforts pour
s'échapper entre ses barreaux et le rejoindre.
M. de l'Etang fit ouvrir la cage en présence d'un

des administrateurs; le loup se précipita sur lui, le léchant et le couvrant de caresses, et lui pleurait en les recevant. M. de l'Etang réclama son favori; mais il fallait une décision du conseil d'administration; on lui promit de s'en occuper le lendemain. Il fallut donc se quitter. Le pauvre loup poussait des hurlements de douleur, et la peine qu'il ressentit après une joie si vive fut si violente qu'avant le jour il mourut.

JULES.

Tu me fais de la peine; j'aimais bien ce bon loup.

M. LORIMER.

Voici un autre animal que tu aimeras encore mieux. J'ai été témoin du fait, qui s'est passé pendant que j'étais à l'armée d'Afrique.

On avait formé à Oran un corps de troupes composé en partie de Français et d'Arabes, sous le nom de zouaves; tous les officiers en étaient français. Un jour les zouaves reçoivent l'ordre d'accompagner une colonne chargée de châtier les Hadjoutes, tribu formée d'un ramas de brigands dont la principale retraite est le bois de Karessas et la montagne d'Affroum. Une partie des zouaves éclairait la marche, et d'autres se trouvaient à l'arrière-garde. On traversait un ravin au-dessus de la montagne, lorsqu'on aperçut un lion magnifique couché à l'ombre d'un dattier, près d'une source, et paraissant attendre sa proie. Les voltigeurs de l'avant-garde lui envoyèrent une décharge, et on vit le majestueux animal se lever, fixer ses ennemis, puis faire plusieurs bonds et tomber; on le crut mort. L'ordre était d'avancer, on ne put donc s'approcher du lion. Mais un des zouaves de l'arrière-garde, un Parisien, s'était promis d'enlever la belle peau de l'animal. Il se cache derrière un buisson d'aloès, et dès que les derniers hommes de l'arrière-garde sont hors de vue, il s'avance vers le lieu où le lion a dû tomber. Il arrive, mais l'animal respire encore; il jette sur le soldat un regard dans lequel se peint la douleur. Le Parisien peut sans danger achever le lion et enlever la dépouille; mais il est compatissant autant que brave, et il ne peut se résoudre à frapper ce noble lion sans défense. Il se penche sur lui, s'aperçoit qu'une de ses pattes est brisée, et qu'une balle a traversé la croupe ; elle restait engagée dans les chairs. Il la retire, lave la plaie avec de l'eau-de-vie mêlée d'eau que contient son bidon, déchire son mouchoir, rapproche les os de la patte du lion, les tient fixés avec un éclat de palmier et une bande qu'il improvise, puis reprend sa course pour rejoindre la colonne. L'expédition est couronnée de succès, elle rentre à Oran par un autre chemin.

Une année s'était écoulée, l'Afrique était en paix, des camps avaient été établis sur différents

points, et tous les jours des piquets de trente à
quarante hommes portaient la correspondance
d'un camp à un autre. Un piquet de zouaves
reçoit à son tour l'ordre d'aller d'Oran à
Mazagran, petite citadelle illustrée par un fait
d'armes inouï, qui efface l'éclat du fameux combat de Léonidas, puisque cent vingt-trois hommes triomphèrent des efforts héroïques de douze
mille ennemis. Notre Parisien, terrible dans
le combat, ne se piquait pas d'une rigoureuse
observation de la discipline, et le corps dans
lequel il servait n'était pas non plus sans repro-
che sous ce rapport. Selon son habitude, le
zouave suivait de loin son détachement, fumant
sa pipe, et cherchant une gazelle à tirer. Dans
un repli du terrain, il est tout-à-coup assailli par
cinq Arabes embusqués qui s'étaient tenus bien
cachés pendant le défilé du détachement. Le
Parisien fait feu, mais son arme est détournée
par un yatagan; aucun des ennemis n'est atteint.
Désespéré, le zouave veut vendre au moins
chèrement sa vie. Il prend son fusil par le canon
et s'en sert comme d'une massue, abattant les
yatagans levés sur sa tête; il gagne ainsi un
palmier auquel il s'adosse. Les Arabes n'osent
tirer sur lui, le détachement est encore trop peu
éloigné; mais ils accablent le malheureux Parisien de pierres, et le pressent vivement de leurs
armes. Déjà il avait reçu plusieurs blessures,

quand tout-à-coup on entend un rugissement
terrible : deux Arabes tombent morts, les autres
prennent la fuite, et le lion, sans daigner les
regarder, se couche aux pieds du Parisien stupéfait. Il aperçoit deux longues cicatrices sur la
croupe de l'animal : plus de doute ! c'est celui
qu'il a épargné et pansé, et aujourd'hui il lui
doit la vie. Le zouave caresse le lion, et reprend
sa route ; le lion le suit, et entre avec lui dans
la ville de Mazagran, où il resta jusqu'au départ
des zouaves, qu'il accompagna pendant le retour
jusqu'aux portes d'Oran. Depuis il a reparu
plusieurs fois ; mais comme on se plaignait de la
disparition de plusieurs têtes de bétail, on lui fit
une chasse qui le rejeta dans la montagne, sans
qu'il fût atteint.

JULES.

Tant mieux ! c'était un brave lion ; je suis bien
aise qu'il vive encore.

M. LORIMER.

Mais il est déjà cinq heures, notre conversation a été fort longue ; demain nous continue-
rons.

CHAPITRE IV.

Suite des Mammifères. — Le vieux Trappeur et les Castors. — Léon le Nigaud.

Nous sommes restés hier sur le genre des chats, qui termine la famille des digitigrades; les amphibies composent la famille suivante, la dernière de l'ordre des carnassiers. Le nom d'amphibie veut dire existence double. En effet, les animaux de cette division vivent sur la terre et dans l'eau, leurs pieds sont palmés, et font le double office de nageoires dans l'eau et de pieds à terre. Parmi les amphibies, les uns sont carnassiers et vivent de poissons, les autres sont herbivores. Les genres phoque ou veau marin, et morse, composent cette division. On trouve des phoques dans toutes les mers, mais les espèces les plus recherchées habitent les côtes les plus reculées des terres antarctiques. De nombreux bâtiments partent tous les ans des ports de l'Angleterre et des Etats-Unis pour la pêche ou plutôt la chasse des phoques, dont les uns fournissent une fourrure très estimée, et les autres de l'huile en abondance.

L'ordre quatrième est celui des marsupiaux ou animaux à bourse, qui portent une poche sous le ventre, dans laquelle les petits se retirent pendant la première période de leur existence. Les sarigues de l'Amérique méridionale, les kanguroos de la Nouvelle-Hollande, et presque tous les mammifères de cette île immense et des îles qui l'entourent, sont des marsupiaux.

L'ordre cinquième, celui des rongeurs, est riche en espèces ; mais la plupart sont très petites. Les rongeurs sont des animaux timides, craintifs, qui font presque tous leur nourriture de substances végétales. Le nom imposé à l'ordre vient de l'habitude où sont ces animaux d'user avec leurs dents incisives les substances qu'ils dévorent. Plusieurs rongeurs se creusent des terriers, et un genre, celui des castors, bâtit de véritables maisons. Les écureuils, les marmottes, le rat, la souris, le loir, le mulot, le rat d'eau, le chinchilla ou rat des Cordilières du Chili, le lièvre, le lapin, l'agouti, le cochon d'Inde, le castor, sont des rongeurs.

JULES.

J'aime bien le castor, c'est un animal industrieux ; c'est dommage qu'il ne puisse souffrir le voisinage de l'homme ; car il serait très curieux ae le voir construire ses demeures. J'ai lu que les castors étaient autrefois très communs le long de la rivière de Bièvre qui se jette dans la Seine de Paris.

M. LORIMER.

Le castor ne fuit le voisinage de l'homme que parce que l'homme lui fait une guerre cruelle et détruit l'animal et ses constructions ; mais j'ai eu la preuve, dans mon voyage en Amérique, que l'homme et le castor peuvent vivre en bonne intelligence.

Je parcourais le Canada, et j'avais laissé depuis plusieurs jours derrière moi les rives si pittoresques du lac Erié ; je m'avançais vers le nord-est, où quelques-uns des hommes de cette contrée vivent loin de toute habitation, seuls, ne s'occupant que de chasse, et qui trouvent un charme inexprimable loin de toute civilisation, au sein de la nature la plus âpre et la plus sauvage. Je savais que j'en trouverais plusieurs sur . extrême frontière. J'entrepris donc, pour satisfaire ma curiosité, un voyage d'au moins cent lieues à travers des forêts et des terres où l'on ne trouve aucune route, n'ayant avec moi qu'un sauvage qui s'était engagé à me guider à mon retour à Québec, car je voulais marcher à l'aventure jusqu'à ce que j'eusse pu satisfaire ma curiosité. Je n'avais d'autre bagage que mes armes, du plomb, de la poudre, et du linge ce qu'il en faut à un soldat habitué à la fatigue et aux privations qu'imposent l'état militaire. Je regrettais peu le confortable de la vie dont j'allais me priver, et je me mis en marche à pied, joyeux de vivre quelque temps comme un véritable enfant de la nature. Il y avait trois semaines que j'errais ainsi dans un pays admirable, péchant et chassant, cherchant des fruits pour ma nourriture, lorsque mon sauvage vint un soir près de moi, marchant à pas de loup, le fusil armé et le doigt posé sur la bouche pour m'inviter au silence. Il s'était écarté quelques instants auparavant pour chercher un lieu propice à bivouaquer pendant la nuit. Je crus qu'il avait découvert quelque tribu ennemie, et que nous courions du danger; comme lui j'armai mon fusil. Quand il fut proche, il me dit qu'il venait d'apercevoir les édifices d'une troupe de castors, et que si je voulais me placer à l'affût avec lui, nous ne tarderions pas à en abattre plusieurs et à nous munir d'excellentes fourrures pour nous couvrir pendant la nuit. Cette nouvelle me combla de joie, non que je voulusse tuer des castors, mais j'étais ravi de pouvoir vérifier par moi-même si les récits des naturalistes sur cet animal sont exacts. Je désarmai mon fusil, invitant mon brave sauvage à faire de même. Il me conduisit avec la plus

grande précaution sur la limite d'une clairière de
la forêt, et là je jouis d'un des plus beaux spec-
tacles que j'aie jamais vu. La lune brillait ra-
dieuse sur un ciel de l'azur le plus pur, elle
jetait une douce lumière sur un admirable
paysage ; au fond s'élevait une haute colline couverte de sapins et de cèdres ; des rochers bizar-
rement découpés la bordaient au pied, et de l'un
d'eux tombait une abondante cascade dont les
eaux écumantes formaient ensuite un petit lac
entouré de roseaux, de joncs et de genévriers ;
une prairie émaillée de mille fleurs s'étendait de
toute part jusqu'aux arbres qui limitaient la
clairière. Du sein des touffes de roseaux s'éle-
vaient les dômes arrondis des cabanes des castors ; mais ce qui me frappa d'étonnement,
c'était une chaussée s'avançant jusqu'au milieu
du lac, se terminant à quelque distance d'une
cabane semblable aux autres par la forme, mais
haute d'environ dix mètres et élevée sur pilotis.
Je demandai à mon sauvage si les castors avaient
l'habitude de construire ainsi ; il me dit que non,
et qu'il ne pouvait s'expliquer une semblable
construction. Bientôt nous vîmes sortir les
castors ; les uns coupaient des branches avec
leurs dents, puis les traînaient à la chaussée ; on
les entendait ensuite frapper avec leur queue, et
battre de la terre dont ils recouvraient ces branches ; d'autres détachaient des arbres de grands

morceaux d'écorce qui étaient subdivisés en fragments et portés dans les maisons; quelques-uns déterraient des racines en employant leurs ongles, et les rongeaient; plusieurs jouaient ensemble : tous annonçaient tant de sécurité que je ne pus me résoudre à porter au milieu d'eux la mort et la terreur, et que je retins plusieurs fois le bras de l'Américain, qui ne voulait pas comprendre pourquoi moi, chasseur si déterminé, j'épargnais cette magnifique proie. Il posa son arme à terre, et s'étendit de fort mauvaise humeur sur l'herbe, où il s'endormit. Pour moi, je restai la nuit entière occupé à considérer les allures de ces intéressants animaux et la cabane mystérieuse d'où aucun castor ne sortait, et dont pas un ne s'approchait. Lorsque la lune se coucha, les animaux rentrèrent. Je me hasardai alors sur la chaussée pour considérer de plus près la grande cabane; elle avait une porte percée à hauteur d'homme, parfaitement close par un battant, ce qui bouleversa plus encore toutes mes idées. Au point du jour, au moment où j'allais me jeter à la nage pour atteindre la cabane et pénétrer le mystère qu'elle me cachait, la porte s'ouvrit, j'aperçus distinctement un vieillard à barbe grise, vêtu d'une sorte de juste-au-corps de peau de daim. Il me vit, et poussa un cri de surprise; puis, saisissant une carabine, il me coucha en joue, me demandant en même temps

en anglais qui j'étais, et ce que je faisais là. **Pour
le rassurer**, je posai mon arme à terre et **lui**
donnai l'explication désirée. Aussitôt il posa **une**
poutre sur la chaussée et sur le seuil de sa **porte,
et** vint me rejoindre. Il me tendit la main, m'annonçant que j'étais le bien-venu; puis il s'informa
comment j'étais venu seul jusque-là, et d'où **je**
venais. Je lui dis que je n'étais pas seul, et qu'**un**
sauvage m'accompagnait pour me servir de guide
à mon retour; mais que pour le moment le **ca**price seul me conduisait. En entendant parler
de guide, le vieillard fronça le sourcil ; je vis que
cette circonstance le contrariait; néanmoins il
reprit la parole et me demanda dans quelle intention j'avais entrepris un si fatigant voyage.
Je lui avouai donc que mon but était de voir de
près quelques-uns de ces chasseurs que l'on
nommait *trappeurs,* et qui vivent solitaires loin
de toute habitation humaine. Il sourit. — Le
hasard, répondit-il, vous a servi à souhait; je
suis le plus singulier de ces hommes peut-**être**
que vous puissiez rencontrer, car depuis quarante
ans je vis ici, au milieu de mes amis les castors,
et vous êtes le premier être humain qui soit venu
depuis ce temps me visiter. — Veuillez me **dire,**
répondis-je, comment il se fait que ces animaux
ne vous fuient pas. — C'est, me dit le **vieux**
trappeur, qu'ils n'ont encore vu que moi de l'espèce humaine, et que jamais je ne leur ai fait de

mal. — Je serais bien curieux, dis-je alors, de connaître votre histoire. —Volontiers, fit-il; elle est bien simple. Je suis né en Angleterre; jeune encore j'héritai d'une grande fortune et d'un beau nom; vous savez que les titres et les propriétés de l'aristocratie anglaise se transmettent par substitution aux héritiers mâles les plus directs; c'est ainsi que je me trouvai, à la mort d'un oncle, en possession du titre de pair d'un des trois Royaumes-Unis. J'avais alors d'irréconciliables et puissants ennemis; ils engagèrent un de mes parents à me disputer mon siége à la chambre des pairs et mon majorat; leur influence me fit perdre mon procès; je formai un appel, je perdis, et me trouvai complètement ruiné. Je me décidai aussitôt à quitter pour jamais l'Angleterre, et à passer en Amérique. La haine de mes ennemis me poursuivit jusqu'au-delà des mers, ce qui me détermina à embrasser le genre de vie que je mène, à m'éloigner des hommes, et à n'avoir rien de commun à l'avenir avec ce qu'ils nomment leur justice. Je vis de ma chasse, elle me procure une abondante nourriture et une inaltérable santé; lorsque j'ai besoin de vêtements et de munitions, je porte des fourrures à un comptoir situé à cinquante lieues d'ici, et j'y trouve ce qui m'est nécessaire en échange; mais ces voyages sont rares. Tels sont les événements qui m'ont amené ici. Lorsque j'eus trouvé cet

endroit, sa beauté et ses solitudes me séduisi-
sent; après m'être assuré que je n'aurais pas de
voisins, je m'y fixai. Deux couples de castors
avaient commencé à construire sur le bord d'un
petit ruisseau; ils travaillaient à barrer le cours
par une digue, pour se former un étang. Ces
animaux me virent sans effroi. Ayant remarqué
les racines qu'ils aimaient le mieux pour nourriture, je leur en arrachai et leur en fournis abon-
damment; ils s'enhardirent au point de venir
manger dans ma main. Dès lors je fis le projet
l'agrandir leur digue, de former un petit lac du
milieu duquel s'élèverait ma demeure. Je com-
mençai par me construire la cabane que vous
voyez; après l'avoir placée sur pilotis à la manière
des Malais, je travaillai d'abord à élever cette
chaussée, ensuite à étendre et à élargir la digue
de mes castors. Il me fallut deux ans de travaux
assidus pour former ce lac; aujourd'hui ma
colonie de castors, devenue nombreuse, me dis-
pense de m'occuper de l'entretien des digues. Ces
animaux vivent avec moi comme si j'étais l'un
des leurs; ils accourent à ma voix; je les aime
comme un père aime ses enfants. La seule in-
quiétude qui me tourmente, c'est que quelque
chasseur ne pénètre jusqu'ici; si quelqu'un de
mes castors était tué, je ne sais si je pourrais
m'empêcher de venger sa mort par celle du
meurtrier. Comme vous n'êtes pas du pays, je

vous vois avec plaisir ; mais je crains que le sauvage qui vous accompagne ne revienne après votre départ pour détruire ma colonie. Je rassurai le trappeur en lui disant que l'Américain m'avait demandé de le conduire en Europe, et que cette circonstance me décidait à accéder à ses désirs. Le trappeur satisfait nous conduisit dans sa cabane, où je passai trois jours au milieu des castors, que je vis travailler à loisir, et qui nous laissaient pénétrer dans leurs demeures et visiter leurs constructions.

JULES.

Es-tu heureux d'avoir pu voyager, et voir des choses si intéressantes ! Quand je serai grand, me laisseras-tu voyager à mon tour ?

M. LORIMER.

Certainement ; il n'y a rien de tel que les voyages pour perfectionner l'éducation et former les jeunes gens. Revenons à nos mammifères.

Le sixième ordre est celui des édentés. On appelle ainsi tout une division d'animaux dont les uns manquent d'une ou de plusieurs sortes de dents, et dont quelques genres même n'ont pas du tout de dents. L'aï ou paresseux, les tatoux dont la peau est couverte d'écailles, les fourmiliers, qui prennent les fourmis avec leur langue gluante et extensible, les échidnés et les ornithorynques de la Nouvelle-Hollande, qui pondent, à ce que l'on croit, des œufs comme des

4.

oiseaux, mais qui ont des mamelles pour allaiter leurs petits, sont rangés dans cet ordre.

Vient ensuite l'ordre plus important des pachydermes. Tous les animaux dont la peau est très épaisse sont, comme l'indique ce nom en grec (cuir épais), des pachydermes. On distingue dans cet ordre les proboscidiens, dont le nez excessivement prolongé et mobile porte le nom de trompe. Cet organe, outre qu'il sert à respirer, est une sorte de main très adroite, terminée par un prolongement qui, comme un doigt, saisit les objets les plus déliés. L'éléphant et le tapir sont proboscidiens. Il y a deux espèces d'éléphants, celui d'Asie et l'éléphant d'Afrique.

JULES.

Quelle masse que l'éléphant! comme cet animal doit être redoutable lorsqu'il est en furie!

M. LORIMER.

Voici à ce sujet ce que m'écrit monsieur Duvillars, qui, comme tu le sais, est dans l'Inde. « Dans le courant du mois d'octobre, le bruit se répandit à Bombay que deux éléphants de la plus haute taille ravageaient la campagne. L'apparition subite et peu ordinaire de ces animaux avait en effet jeté l'alarme dans tout le pays. Plusieurs champs se trouvaient complètement dépouillés de leurs récoltes ; des arbres, des murs de clôture étaient renversés. L'autorité donne l'ordre de s'emparer de ces éléphants, ou de les mettre à mort. On fit sortir de la ville les éléphants domestiques pour faire prisonniers ces sauvages, et deux pièces de canon les accompagnèrent pour les soutenir s'il y avait nécessité.

La colonne se mit en marche militairement, précédée d'éclaireurs qui le lendemain annoncèrent que les bêtes sauvages campaient dans un champ de cannes à sucre. Le capitaine d'artillerie chargé du commandement prit aussitôt ses dispositions; il mit les pièces en batterie, et rangea les éléphants privés autour du camp, comme un rempart vivant; en dehors il fit creuser un fossé à la hâte. Lorsque ces travaux furent terminés, les éléphants privés reçurent le signal de s'emparer des deux sauvages. Dressés à cette manœuvre, ils avancent en cercle, la trompe levée, au nombre de vingt, pour frapper et réduire leurs adversaires; mais ceux-ci les attendent de pied ferme; le premier qui s'approche d'eux reçoit un si furieux coup sur la tête qu'il tombe le crâne fracassé; un autre a l'épaule traversée par la défense droite du second sauvage. Les éléphants domestiques reculent, on les rappelle pour ne recommencer l'attaque qu'au milieu de la nuit. Le second assaut est repoussé par les sauvages avec non moins de fureur, ils renversent leurs ennemis, et se précipitent dans le fossé, donnant les signes de la colère la plus terrible. Il n'y avait plus à songer à leur capture;

le capitaine donne l'ordre d'amener le canon ;
pendant ce mouvement l'un des deux sauvages
s'élance hors du fossé, son compagnon le poussant par la croupe ; il l'aide ensuite à son tour en
le tirant par une de ses défenses. Tous deux
aussitôt partent avec la rapidité de la flèche et
se dirigent vers un village situé à peu de distance. Un cavalier veut porter l'alarme et les
prévenir ; mais malgré la vitesse de son cheval,
lancé au galop, les éléphants le dépassent. Un
homme se présente à eux, il est déchiré, puis
écrasé sous les pieds de ces furieux, qui se précipitent ensuite de toutes leurs forces sur les
murs des maisons qu'ils font écrouler. Cependant
l'artillerie arrive ; on tire à mitraille : un boulet
frappe l'un des deux animaux à la tête, il rebon-
dit sans pénétrer ; mais l'animal chancelle et
tombe. On le croit mort, et l'on recharge les
pièces pour abattre l'autre. Quel n'est pas l'étonnement des soldats, lorsqu'ils voient les deux
animaux au comble de la rage s'élancer sur eux ;
on les reçoit par une décharge de mitraille à
bout portant ; le feu les repousse, ils reculent,
se portent dans le village où ils renversent plusieurs édifices. Il fallut encore deux décharges
pour les mettre à mort ; l'un des deux avait
vingt-huit boulets logés dans le corps. On croit
que ces éléphants venaient des forêts qui couvrent les rives du haut Indus ; ils avaient quatorze

pieds anglais de longueur de la tête à la queue,
et dix de hauteur. »

JULES.

Quel terrible combat! On est effrayé en son-
geant qu'il pouvait coûter la vie à un grand nombre de personnes.

M. LORIMER.

On a eu à déplorer la mort d'un homme et
celle d'un enfant, et plusieurs personnes ont été
blessées.

Passons aux autres pachydermes, qui sont : le
rhinocéros, l'hippopotame, le sanglier, le cheval,
l'âne et le zèbre. Ces trois derniers, avec plusieurs autres espèces, composent la famille des
solipèdes ou pachydermes qui n'ont qu'un seul
ongle et un seul doigt apparent à chaque pied.

JULES.

Ne sais-tu pas encore quelque histoire amu-
sante sur ces animaux?

M. LORIMER.

Oui; mais nous les réserverons pour le moment où je te ferai étudier sérieusement l'histoire
naturelle.

Après les pachydermes viennent les ruminants,
qui forment l'ordre huitième. Les ruminants sont
des animaux herbivores qui peuvent faire remon-
ter dans la bouche les aliments qu'ils ont avalés,
afin de les broyer une seconde fois. Ils ont quatre
estomacs, leur mâchoire supérieure n'a pas de

dents incisives, leurs pieds ont deux doigts apparents et deux ongles. Dans cet ordre sont des animaux que tu connais bien : les lamas, les chameaux, la girafe, le cerf, l'élan, le renne, le daim, le chevreuil, les gazelles, le bœuf, la brebis, la chèvre, etc.

JULES.

Qu'est-ce que cet animal dont voici la figure, et qu'on appelle nigaud ? Je croyais qu'un *nigaud* était une espèce d'imbécile.

M. LORIMER.

C'est que le graveur a mal orthographié le nom ; il fallait nyl-gaut, c'est-à-dire en indoustan taureau bleu. Le nylgaut est une gazelle de la taille d'un cerf, qui se trouve dans toute la partie basse de la chaine de l'Himalaya; le mâle a le pelage gris cendré, mais la femelle est fauve. Tu vois que le nom de cette gazelle n'a rien de commun avec le mot *nigaud*, qui signifie quelqu'un sans expérience ; tel est un petit garçon de ma connaissance que l'on a surnommé *Léon-le-nigaud*, parce qu'il ne veut pas comprendre le danger, qu'il n'écoute pas ce qu'on lui dit, et qu'il est toujours la dupe de sa désobéissance. Ainsi, il grimpe sans cesse sur les tables, sur les chaises, quoiqu'on lui répète qu'il risque de tomber et de se casser un membre. Un jour mon nigaud monte sur un tabouret, tombe à la renverse, et se fend la tête sur l'angle du bureau; il manqua de se tuer; heureusement pour lui qu'il en fut quitte pour rester au lit sans boire ni manger pendant plusieurs jours. Une autre fois on lui dit de jeter une fleur qu'il avait cueillie, parce qu'elle pourrait l'empoisonner. Mon nigaud s'en va bien vite cueillir de cette plante afin d'en manger; sa désobéissance fut punie encore par des douleurs d'estomac et d'entrailles très fortes, et il fut amplement purgé. Il ne veut pas croire que le feu brûle, et il se rôtit le bout des doigts. On lui défend de toucher aux instruments tranchants, et il n'a rien de plus pressé que d'en prendre et de se couper. Enfin, mon nigaud, persuadé qu'une serpe ne pouvait couper que le bois, en ramasse une qu'on avait laissée par mégarde au jardin, et il se fait une profonde coupure à la cheville du pied, pour laquelle il est encore aujourd'hui au lit, fort heureux de ce qu'on ne lui a pas coupé la jambe.

JULES.

Voilà un vrai nigaud; on ne peut pas désobéir plus bêtement qu'en risquant de se tuer ou de s'estropier. Il faut espérer que l'aventure de la serpe le rendra plus prudent.

M. LORIMER.

Je le souhaite pour son père et sa mère qu'il inquiète sans cesse, et pour lui-même, car il finirait par passer pour un imbécile.

JULES.

Nous étions aux ruminants.

M. LORIMER.

Oui, l'ordre suivant, le neuvième et le dernier des mammifères, est celui des cétacés ; ce nom vient d'un mot grec qui veut dire baleine. La baleine, les lamantins, les cachalots et les dauphins sont compris dans cet ordre.

JULES.

Comment ! ces animaux ne sont pas des poissons ?

M. LORIMER.

Non, les anciens naturalistes les considéraient comme poissons, parce qu'ils vivent dans la mer, sans remarquer qu'ils ont l'organisation des animaux terrestres : ainsi ils respirent comme nous par des poumons, ils allaitent leurs petits, ils ne sont pas ovipares, ils n'ont pas de nageoires, mais leurs quatre membres sont disposés de manière à en tenir lieu.

JULES.

Pourquoi pêche-t-on la baleine ?

M. LORIMER.

Pour fondre la graisse, qui donne une huile utile dans les arts, et pour prendre les lames de corne appelées fanons qui recouvrent son palais et forment sa lèvre supérieure. Ces lames souples et très flexibles donnent la baleine du commerce.

JULES.

Quoi! la baleine du corset de maman? celle de ma cravache?

M. LORIMER.

Oui. Le cachalot, autre cétacé, fournit la cétine, matière grasse et transparente dont on fait les bougies diaphanes, et l'ambre gris recherché comme parfum.

J'entends ta mère qui nous appelle; demain je te parlerai des oiseaux et des poissons.

CHAPITRE V.

Les Oiseaux. — Les Reptiles. — Les Poissons. — Les
deux Frères jumeaux et le Requin.

JULES.

Tu m'as promis de me décrire aujourd'hui les
classes des oiseaux et des poissons. Comme il y
a de magnifiques oiseaux au Jardin des Plantes,
si j'étais grand, je voudrais en faire une belle
collection.

M. LORIMER.

Tu pourras apprendre à empailler, et alors tu
te formeras un cabinet à peu de frais ; c'est une
charmante occupation.

Les oiseaux, comme tu le sais, forment la seconde classe des animaux vertébrés ; on les divise en six ordres.

1° Les oiseaux de proie, divisés en diurnes,
ou qui chassent le jour, et en nocturnes, c'est-
à-dire qui chassent la nuit. Les oiseaux de proie
sont forts, hardis ; ils ont un bec dur, recourbé

en pointe, et des pieds nommés serres armés d'ongles tranchants. Parmi les oiseaux de proie diurnes on compte : l'aigle, le faucon, l'autour, l'épervier, le milan, les buses, le griffon ou vautour des agneaux, qui se trouvent dans les hautes montagnes, enfin les vautours.

Les oiseaux de proie nocturnes ne peuvent supporter la lumière, ils ne sortent que la nuit ; ils ont de grands yeux semblables à ceux des chats. Ces oiseaux sont : les ducs ou hibous, dont la tête a deux aigrettes de plumes en forme d'oreilles, et les chouettes, qui n'ont pas d'aigrettes.

2° Les passereaux, ordre nombreux qui se subdivise en cinq familles. Dans la première, celle des dentirostres, ou becs-dentés, on voit : les pies-grièches, les jolis tangaras américains. le magnifique ménure-lyre de la Nouvelle-Hollande, et plusieurs de nos oiseaux chanteurs, le merle, les grives, le rossignol, le rouge-gorge la fauvette, le roitelet.

Dans la seconde famille, celle des fissirostres, ou becs-fendus, se trouvent l'engoulevent et les hirondelles.

Dans la troisième, les conirostres ou becs-coniques, se trouvent : le serin, le bouvreuil, le chardonneret, les bruants, les pinsons, les mésanges, les veuves, les magnifiques oiseaux de paradis, les geais. les pies et les corbeaux.

Dans la quatrième, les ténirostres, ou becs-fins, se rangent : la huppe, le grimpereau, le torcol, les colibris et les oiseaux-mouches, brillants comme des pierres précieuses, et si bien nommés par Buffon les bijoux de la nature.

Enfin, dans la cinquième famille, celle des syn-dactyles ou des doigts soudés, ainsi nommés parce que les doigts sont unis jusqu'aux ongles, on a placé les guêpiers, qui vivent d'abeilles et de guêpes, les callaos, oiseaux d'Asie au bec monstrueux, et les jolis martins-pêcheurs.

Le troisième ordre est celui des grimpeurs. On y trouve les pics et les coucous, oiseaux forestiers qui vivent d'insectes; les toucans, dont le bec est de la longueur du corps, et la brillante tribu des perroquets, des perruches et des loris, si choyée dans notre pays et détestée dans le sien à cause de ses ravages.

L'ordre quatrième, celui des gallinacées, nous rend de grands services en nous fournissant d'utiles aliments; dans cet ordre se trouvent les pigeons, le coq et la poule, la perdrix, la caille; les faisans, le paon, la pintade, etc.

L'ordre cinquième renferme les oiseaux dits échassiers, parce qu'ils sont montés sur de hautes et longues jambes, destinés qu'ils sont les uns à courir sur le sable du désert, les autres sur les rives des marais et des rivières. Cet ordre se subdivise en cinq familles :

1° Les brévipennes ou échassiers à ailes courtes, tels que l'autruche, le nandou ou autruche
d'Amérique, et le casoar, singulier oiseau de la
Nouvelle-Hollande, qui porte un casque osseux
sur la tête, et dont les plumes semblent être de
longs crins noirs.

2° Les cultrirostres ou becs-tranchants. Ces
échassiers vivent sur les rivages et se nourrissent de poissons et de reptiles; ce sont les grues,
les agamis, les hérons, les cigognes, les spatules.

3° Les longirostres ou échassiers à long bec,
comme les ibis, les courlis, les bécasses, les bar-
ges, les maubêches, les alouettes de mer, les
combattants, les chevaliers et les avocettes.

4° Les macrodactyles ou échassiers à gros
doigts ; ce sont : les jancanas, les kamichis, les
rales, les poules d'eau, les perdrix de mer et les
flammants.

L'ordre sixième est celui des palmipèdes ou
pieds palmés ; ces oiseaux ont les jambes courtes,
placées en arrière, et mieux disposées pour la
natation que pour la marche. Cet ordre comprend quatre familles.

1° Les plongeurs, qui vivent sur les côtes des
mers, où ils se nourrissent de poissons et de
mollusques. On remarque parmi les plongeurs :
les plongeons, les grèbes, les guillemots, les pin-
gouins, les manchots et les sphénisques.

2° Les longipennes, ou palmipèdes à longues

ailes ; ce sont les oiseaux de haute mer que l'on rencontre à de grandes distances des côtes ; ils planent fort haut, et se précipitent comme la foudre pour saisir le poisson qui nage à fleur d'eau. Les genres principaux sont les suivants : les pétrels, les albatros, les goëlands, les mouettes, les hirondelles de mer et les becs-en-ciseaux.

3° Les totipalmes, ou pieds entièrement palmés, comme : les pélicans, les cormorans, les frégates, les fous, les anhingas et les oiseaux du tropique.

4° La dernière famille, celle des lamellirostres, comprend tous les oiseaux aquatiques dont le bec est plat et muni sur les bords de petites lames servant de dents. Les lamellirostres sont : le cygne, les canards, l'oie, la bernache, l'eider, les céréophis et les harles.

Quant à la troisième classe des vertébrés, elle renferme tous les animaux connus sous le nom de reptiles. On divise ces derniers en quadrupèdes ovipares et en reptiles apodes ou sans pieds ; les uns et les autres traînent leur ventre contre terre en marchant : de là leur nom de reptiles ; la peau est nue dans certains genres, écailleuse dans d'autres. Le sang des reptiles est rouge, mais froid ; aussi la plupart de ces animaux passent l'hiver engourdis. Les œufs des reptiles du premier ordre ont une coquille dure.

La classe des reptiles se divise en quatre ordres :

1° Les chéloniens ; cet ordre renferme toutes les tortues, animaux qui ont le corps logé dans l'intérieur des deux cuirasses osseuses, nommées carapaces. Il y a des tortues de terre, des tortues de mer et des tortues d'eau douce : parmi les tortues de mer on distingue le luth et la tortue franche, dont le poids dépasse cent kilogrammes, et le caret, petite espèce qui fournit la substance nommée écaille dans les arts.

L'ordre second est celui des sauriens ; on le divise en deux familles, les crocodiliens et les lacertiens. Dans la première on range ces grands et terribles reptiles nommés crocodiles, gavials et alligators. La taille des crocodiles dépasse souvent dix mètres de longueur. La femelle dépose dans le sable des œufs dont la coquille est très dure. Ces animaux sont très voraces ; ils entraînent leur proie dans l'eau pour la noyer avant de s'en repaître. Les gavials habitent les eaux des parties les plus chaudes de l'Asie et de l'Afrique ; les crocodiles se trouvent également en Afrique, et les alligators en Amérique. La famille des lacertiens comprend une multitude de genres et d'espèces.

L'ordre troisième est appelé les ophidiens, parce qu'on y range tous les reptiles sans pieds nommés serpents. Cet ordre a trois familles :

1° les couleuvres, qui n'ont pas de crochets venimeux à la partie antérieure de la mâchoire. Dans cette famille se trouvent: le boa, le python de Java et un grand nombre de petits serpents fort innocents, comme la couleuvre à collier, le serpent d'Esculape, la bordelaise.

2° Les serpents venimeux, qui ont à la partie antérieure de la mâchoire deux crochets mobiles, creux, aigus, par lesquels ils font couler dans les blessures des animaux qu'ils attaquent un venin mortel. On range dans cette famille : la vipère, l'aspic, le naja de l'Inde, le serpent noir des Antilles, le serpent à sonnettes, et une foule d'autres.

3° Les serpents nus, qui ont la peau molle et sans écailles ; on n'en connaît qu'un seul genre, les cécilies ou serpents aveugles, ainsi nommés parce que leurs paupières sont à peine entr'ouvertes. Les cécilies n'ont pas de venin.

L'ordre quatrième, celui des batraciens, renferme les grenouilles, les crapauds, les salamandres, les protées et les syrènes.

Enfin la quatrième et dernière classe des vertébrés est la classe des poissons.

Tu sais que les poissons vivent uniquement dans l'eau, qu'ils respirent par des branchies, organes consistant en feuillets membraneux parsemés de vaisseaux, qui décomposent l'eau pour en absorber un des principes, comme les pou-

mons des autres vertébrés décomposent l'air.
Beaucoup de poissons ont, sous l'épine dorsale,
une grande vessie qu'ils emplissent d'air et qu'ils
vident à volonté; par ce mécanisme ils se rendent plus légers ou plus lourds que l'eau, et peuvent s'enfoncer dans les profondeurs de l'eau ou
s'élever à la surface. Les poissons se meuvent à
l'aide de nageoires : on nomme nageoires pectorales celles qui sont sous la poitrine; ventrales,
celles qui s'attachent sous le ventre; nageoires
anales, celles qui se rapprochent de la queue;
dorsales, les nageoires qui surmontent le dos;
et caudales celles que produit la queue en s'a-
platissant. La plupart des poissons sont ovipares;
on les divise en deux ordres : 1° les poissons
cartilagineux, c'est-à-dire ceux dont les os sont
mous et flexibles; 2° les poissons osseux.

Le premier ordre comprend trois familles.
1° Les cyclostomes; on les reconnaît à leur bouche arrondie, placée au bout du museau, et
formée par une lèvre charnue, demi-circulaire,
soutenue par un anneau cartilagineux. Dans
cette famille sont : les lamproies, les ammocètes
et les gastrobranches.

2° Les plagiostomes. Leur nom signifie en grec
bouche placée transversalement et derrière la
tête. Ces poissons ont des nageoires pectorales
et des nageoires ventrales; les œufs éclosent
dans le ventre de la mère. Cette famille renferme

les squales, qui ont la queue grosse, charnue, et
le corps allongé ; les requins, dont la mâchoire
formidable est armée de plusieurs rangées de
dents aiguës et tranchantes, disposées de manière qu'une rangée remplace l'autre, quand
cette dernière éprouve quelque accident.

JULES.

Oh! les requins, j'ai lu que c'étaient des poissons bien dangereux, et que leur nom vient de
Requiem, mot qui commence les prières des
morts.

M. LORIMER.

C'est très exact ; aussi le requin est l'effroi
des marins, et il joue un grand rôle dans leurs
récits.

JULES.

Raconte-moi donc, mon père, une de ces histoires de requins.

M. LORIMER.

Dans ma traversée d'Amérique en France
j'ai été témoin d'un de ces accidents tragiques.
Je m'étais embarqué à la Vera-Cruz sur un bâtiment marchand du Havre ; parmi les passagers
étaient deux jeunes Mexicains, frères jumeaux,
âgés de dix-huit ans, fils d'un riche négociant
de Mexico ; ils allaient en France pour terminer
leur éducation. Ces deux frères, qui avaient entre eux une ressemblance frappante, s'aimaient
tendrement ; ils étaient chéris du capitaine, de

l'équipage et de tous les passagers, tant ils montraient d'amabilité, de douceur et de complaisance. Lestes et agiles, on les voyait monter dans les cordages et courir sur les vergues avec autant d'aplomb et de légèreté que les matelots, qu'ils se faisaient un plaisir d'aider dans leurs travaux. Bien loin d'imiter la plupart des jeunes gens, qui se livrent à bord à l'oisiveté la plus complète, ils profitaient de leur voyage et de l'amitié du capitaine pour s'instruire dans l'art de la navigation; ils étudiaient avec ardeur les mathématiques et l'hydrographie. Nageurs infatigables, une de leurs récréations consistait à suivre le vaisseau en se jouant dans l'écume de son sillage; ils restaient quelquefois une heure entière à la mer. Nous étions arrivés dans les parages du cap de Bonne-Espérance; l'Océan, contre sa coutume à cette latitude, était calme, le vent soufflait faiblement, le navire filait à peine trois nœuds; les deux frères profitèrent de cette circonstance pour se livrer à leur exercice favori. Le capitaine, qui veillait sur eux avec autant de tendresse qu'un père, faisait toujours jeter à la mer, dans cette circonstance, deux cordes armées chacune d'une bouée, et un matelot en vigie devait donner l'alarme s'il apercevait un requin. Nugnès et Alphonso, depuis une demi-heure nageaient autour du brick, tantôt s'efforçant de le devancer, tantôt se reposant sur les bouées pour replonger de nouveau. Tout-à-coup le matelot de vigie s'écrie : Un requin. un requin ! L'alarme se répand sur le pont, tous ceux qui s'y trouvaient se penchent sur la mer, appelant à grands cris les deux frères. Nugnès saisit une des cordes et monte rapidement. Alphonso était plus loin, il se hâte; le capitaine, plein d'effroi, fait mettre en panne, pour que le jeune homme atteigne plus promptement le navire. De tous côtés on lance des cordes à la mer. Alphonso n'est plus qu'à une demi-encâblure d'une des bouées; mais le monstre l'a aperçu, il se dirige vers le malheureux dont il veut faire sa proie. On voit distinctement le requin nager entre deux eaux et se retourner : un cri part de toutes les bouches. Alphonso comprend le dange, il plonge aussitôt et va reparaître à cent pas plus loin. Son mouvement avait été si rapide qu'il avait échappé au requin, qui s'élança sur la corde et la coupa en deux. Un matelot dans ce moment essaya de le harponner, mais inutilement; le monstre avait revu le malheureux jeune homme, et il se dirigeait de nouveau vers lui. Alphonso était plus éloigné du bord que lorsque le requin l'avait aperçu pour la première fois; il avait moins de chances de salut; cependant il ne perdait pas courage, et les yeux fixés sur l'horrible habitant des mers, il en épiait tous les mouvements pour tâcher de lui échapper encore. Le capitaine donne l'ordre de mettre une chaloupe en mer pour tâcher de sauver l'infortuné; les matelots les plus intrépides se mettaient en mesure d'obéir, quand on entend le bruit d'un corps qui tombe à la mer. C'était Nugnès, qui, profitant de l'attention que l'on portait au-dehors, s'était armé de deux longs poignards et nageait droit au monstre pour sauver son frère. Tout l'équipage reste immobile, chacun redoute l'issue de ce drame terrible ; il fallut que la voix du capitaine rappelât l'ordre de mettre une chaloupe en mer. Cependant Alphonso avait laissé le requin s'approcher de lui, et lui avait échappé en plongeant de nouveau ; Nugnès joignait alors le monstre, et, au moment où il se retournait, il lui plongea un de ses poignards dans le corps jusqu'à la garde, puis s'enfonça dans l'eau. On vit l'énorme poisson bondir, l'onde rougir autour de lui, trois fois il frappe les flots de sa queue. Alphonso se rapprochait à la hâte du vaisseau; le monstre furieux le revoit et s'avance sur lui avec rage. Nugnès reparaît entre eux : le requin s'arrête; l'intrépide jeune homme se glisse sous son ventre et lui fait de larges blessures; il s'attache aux flancs du requin, que l'on voit se dresser puis retomber avec fracas, cherchant à écraser son ennemi de sa masse pesante : il reparaît; mais Nugnès s'est séparé à temps du monstre, au milieu de l'écume ensanglantée que les convulsions de l'horrible animal font jaillir de toute part. La chaloupe arrive en cet instant, elle a recueilli Alphonso ; on crie à Nugnès de venir à bord : les uns lui tendent un aviron, les autres une corde. Alphonso, qui n'avait rien vu du dévouement héroïque de son frère, tremble en le voyant dans les eaux du monstre. Il appelle Nugnès, il veut se rejeter à la mer pour le ramener; c'est avec peine que le second du navire, qui commande la chaloupe, emploie toute sa force pour le retenir. Nugnès suit des yeux le requin, qu'il n'ose plus approcher tant ses mouvements ont de furie, et contre les atteintes duquel il se tient en garde. Enfin le requin semble épuisé par la perte de son sang. Nugnès alors se rapproche de la chaloupe, il en saisit le bord, on s'empresse de l'aider, on l'enlève; mais tout-à-coup un cri déchirant se fait entendre : c'est Alphonso qui a vu le requin se redresser et s'élancer sur son frère. Un aviron qu'il a précipité dans la gueule du monstre est brisé comme une paille légère; cependant il a suffi pour sauver Nugnès, dont la jambe n'a été que faiblement atteinte. Les deux frères tombent dans les bras l'un de l'autre, et s'évanouissent; on les rapporte à bord sans connaissance; et lorsqu'ils reprirent leurs sens, leurs premiers regards tombèrent sur leur redoutable ennemi étendu mort à leurs pieds : un matelot

l'avait harponné, et le monstre avait succombé
à cette nouvelle blessure. Depuis ce moment les
deux frères devinrent l'objet d'une sorte de
culte de la part de tous ceux qui montaient le
navire; les matelots les saluaient respectueuse-
ment, et témoignaient pour eux la plus haute
vénération; tant il est vrai que le courage et la
vertu excitent l'enthousiasme des hommes même
les plus grossiers.

JULES.

Ah! Dieu, je suis soulagé! Quelle intrépidité
et quel dévouement! Que je suis heureux qu'ils
aient échappé à ce cruel requin!

M. LORIMER.

Tu le vois, le sang-froid et le courage triom-
phent des plus grands dangers; si Alphonso
s'était laissé intimider à l'aspect du requin, il
était perdu.

JULES.

C'est vrai; mais c'est bien difficile d'être courageux.

M. LORIMER.

Il faut, comme en toute chose, avoir assez de
force d'âme pour se commander à soi-même.
Celui qui ne peut vaincre ses défauts ne sera
jamais qu'un lâche et un sot. En tout, il faut
s'observer et faire des efforts pour triompher soit
de ses imperfections naturelles, soit de ses mauvais penchants. Le paresseux doit s'astreindre au

travail, et peu à peu il verra son aversion pour l'étude se dissiper ; le plaisir qu'il éprouvera ensuite le dédommagera amplement de ses efforts. Celui dont la mémoire est rebelle la rendra souple et excellente en s'habituant à apprendre par cœur et surtout en réfléchissant sur ce qu'il apprend, afin de le retenir avec plus de sûreté. Le poltron deviendra courageux en bravant les objets de sa crainte, en restant seul pendant la nuit dans sa chambre, en ne craignant pas de parcourir dans l'obscurité le jardin, la campagne, les bois même ; si quelque objet lui paraît extraordinaire pendant la nuit, en allant auprès pour le toucher et l'examiner, il se convaincra alors que sa crainte est ridicule. Rien n'est plus digne de pitié qu'un poltron. Je connais un petit garçon nommé Henri, très gentil du reste, très spirituel, assez bon travailleur, mais d'une poltronnerie sans exemple. Il n'ose pas aller du salon dans la salle à manger seul le soir ; il croit voir partout des voleurs ; il a pris au sérieux des contes absurdes de nourrice et de bonne femme : aussi, après le soleil couché, il est toujours attaché au côté de sa maman ou d'un domestique. Il n'y a pas à aller lui parler d'aller se mettre au lit sans être accompagné, il en mourrait de frayeur ; il faut le regarder s'endormir ; son lit est dans la chambre de sa maman. Le papa de ce petit poltron est médecin, et il avait des os de mort nécessaires pour l'étude de l'anatomie; depuis que le poltron le sait, il tremble de rencontrer des morts dans la maison, comme si des ossements humains étaient plus à redouter que des os de bœuf ou de poulet.

JULES.

Ah! papa, est-ce qu'il est possible qu'il y ait dans le monde un petit garçon aussi ridicule? Si tu ne me le disais pas toi-même, je ne voudrais pas le croire.

M. LORIMER.

Oui, c'est possible : il existe, et tu le connais, mais je ne te dirai pas son vrai nom; car si notre poltron savait que tout le monde a le secret de sa bravoure, il n'oserait plus se montrer.

JULES.

Moi j'aurais peur du loup, d'un lion, si j'en voyais; mais avoir peur d'un os, c'est par trop bête; je n'aurais pas même peur d'un homme, quand même il serait armé.

M. LORIMER.

Souviens-toi toujours que la frayeur, même fondée, augmente le danger, et qu'elle n'est jamais permise à un homme dans aucune circonstance. Mais revenons à nos poissons de la seconde famille. Après les requins viennent les genres des milandres, des émissoles, des marteaux et des raies. Parmi ces dernières, on remarque la raie bouclée, la raie aigle, et la tor-

pille, qui lance une si grande quantité d'électri-
cité qu'elle foudroie les poissons qui veulent
l'attaquer et ceux dont elle fait sa proie.

La famille troisième, celle des sturoniens, renferme entre autres le genre esturgeon. Ces poissons, qui atteignent à une longueur de vingt-
quatre pieds, remontent dans les rivières. Ils
abondent surtout dans le nord; leur chair est
bonne à manger; avec leur vessie natatoire on
fabrique la colle dite de poisson, et leurs œufs
confits se mangent sous le nom de caviar.

Le second ordre, celui des poissons osseux, est
divisé en six familles. Dans la première sont
rangés les diodons, les tétradons, les balistes et
les chimères.

Dans la seconde on trouve : les syngnathes, les
pégases et les hippocampes.

Dans la troisième on a placé le saumon, la
truite, la truite saumonée, le hareng, l'anchois,
la sardine, l'alose, le brochet, la carpe, le cyprin
doré de la Chine que nous élevons dans les bas-
sins de nos jardins et même dans des globes de
verre dans nos appartements; viennent ensuite
le goujon, la tanche, la loche, les silures.

La famille quatrième comprend les anguilles
et les gymnotes, qui sont électriques comme la
torpille.

La famille cinquième possède la morue, le

merlan et les poissons plats, comme le turbot, la sole, la limande, le carrelet, etc.

Enfin, la sixième famille, composée des poissons à nageoires épineuses, renferme : la perche, la vive, le rouget, la baudroie, le thon, le maquereau, l'espadon et les chétodons.

Nous finirons ici cette courte exposition de la classification des animaux. Quant à ce qui regarde les invertébrés, au lieu de t'en parler actuellement, je te donnerai l'*Album d'histoire naturelle*, où tu trouveras de nombreuses figures d'animaux de toutes les classes, avec une classification complète de toutes les familles et des principaux genres.

FIN DU BUFFON DES PETITS ENFANTS.

LE CHIEN D'AUBRY

DE MONTDIDIER.

(Extrait de la Morale en Action.)

Sous le règne de Charles V, roi de France, un nommé Aubry, de Montdidier, passant seul dans la forêt de Bondy, fut assassiné et enterré au pied d'un arbre. Son chien resta plusieurs jours sur sa fosse et ne la quitta que pressé par la faim. Il vient à Paris chez un ami intime de son malheureux maître, et par ses tristes hurlements semble lui annoncer la perte qu'il a faite. Après avoir mangé, il recommence ses cris, va à la porte, tourne la tête pour voir si on le suit, revient à cet ami de son maître, le tire par l'habit, comme pour lui marquer de venir avec lui. La singularité des mouvements de ce chien, sa venue sans son maître, qui tout-à-coup a disparu, et peut-être cette distribution de justice et

d'événements qui ne permet guère que les cri-
mes restent longtemps cachés, tout cela fit qu'on
suivit ce chien. Dès qu'on fut au pied de l'arbre,
il redoubla ses cris en grattant la terre, comme
pour faire signe de rechercher en cet endroit. On
y fouilla, et on trouva le corps de cet infortuné
Aubry. Quelque temps après, ce chien aperçut
par hasard l'assassin, que tous les historiens
nomment le chevalier Macaire ; il lui saute à la
gorge, et on a bien de la peine à lui faire lâcher
prise : chaque fois qu'il le rencontre, il l'attaque
et le poursuit avec fureur ; l'acharnement de ce
chien, qui n'en veut qu'à cet homme, commence
à paraître extraordinaire. On se rappelle l'affection qu'il avait marquée pour son maître, et en
même temps plusieurs occasions où ce chevalier
Macaire avait donné des preuves de sa haine et
de son envie contre Aubry de Montdidier : quelques circonstances augmentèrent les soupçons.
Le roi, instruit de tous les discours qu'on tenait,
fait venir ce chien, qui paraît tranquille jusqu'au moment qu'apercevant Macaire au milieu
d'une vingtaine d'autres courtisans, il aboie et
cherche à se jeter sur lui.

Dans ces temps, on ordonnait le combat entre
l'accusateur et l'accusé lorsque les preuves du
crime n'étaient pas convaincantes ; on nommait
ces sortes de combats *Jugements de Dieu*, parce
qu'on était persuadé que le ciel aurait plutôt

fait un miracle que de laisser succomber l'innocence. Le roi, frappé de tous les indices qui se réunissaient contre Macaire, jugea qu'il échéait gage de bataille, c'est-à-dire qu'il ordonna le duel entre le chevalier et le chien. Le champ-clos fut marqué dans l'île de Notre-Dame, qui n'était alors qu'un terrain vide et inhabité.

Macaire était armé d'un gros bâton, le chien avait un tonneau percé pour sa retraite et les relancements. On le lâche; il court, tourne autour de son adversaire, évite ses coups, le menace, tantôt d'un côté, tantôt d'un autre, le fatigue, et enfin s'élance, le saisit à la gorge, et l'oblige à faire l'aveu de son crime en présence du roi et de toute sa cour.

La mémoire de ce chien a mérité d'être conservée à la postérité par un monument qui subsiste encore sur la cheminée de la grande salle du château de Montargis; mais nous ajouterons qu'il faut savoir que ce trait d'histoire y est effectivement consigné, le temps ayant presque détruit le tableau sur lequel il est représenté.

ÉDUCATION SINGULIÈRE D'UN MOINÈAU.

(Extrait de Berquin.)

Quoique l'homme, dit l'illustre M. de Buffon, ait moins d'influence sur les oiseaux que sur les quadrupèdes, parce que leur nature est plus éloiguée et qu'ils sont moins susceptibles de sentiments d'attachement et d'obéissance, on ne peut douter cependant qu'il ne puisse les apprivoiser et leur faire contracter une certaine affection pour lui. S'il fallait constater le fait par l'érudition, les oies gardiens du Capitole, les pigeons messagers de la ville de Tyr, le beau moineau de Lesbie, sans oublier le perroquet de Corinne, viendraient à notre secours. Un fait beaucoup moins brillant, mais plus intéressant par ses différentes circonstances, fera peut-être plaisir au lecteur et intéressera le philosophe.

Il y a quatre années environ, qu'un soldat invalide, du nombre de ceux qui ne peuvent se promener que sur une espèce de carriole d'une mécanique fort simple, ayant eu par hasard un franc-moineau qui sortait du nid, après avoir captivé la docilité de son jeune élève par une nourriture abondante et par des caresses sans nombre, se résolut enfin de lui rendre ce bien si précieux, la liberté. Il lui avait toutefois attaché un grelot au cou, comme par pur amusement. L'oiseau ne se fit pas prier pour s'envoler ; mais soit besoin, habitude, soit encore l'effroi que son grelot causait à ses semblables, il revint le soir se percher sur l'épaule de son éducateur, et rentra avec lui dans les infirmeries pour aller se gîter dans sa cage, suivant sa coutume. Depuis cette époque il n'a cessé de sortir et de rentrer avec des circonstances frappantes. Cet invalide est souvent accablé de douleurs cruelles ; alors l'oiseau ne sort pas, et ne quitte plus le lit de son maître que les jours que ce dernier est en état d'aller prendre l'air. Il est vraiment, pendant tout ce temps, le garde-malade le plus officieux et le plus compatissant; il exprime ses plaintes par un cri tout particulier ; il ne sait de quel côté caresser son maître pour l'apaiser; et sitôt qu'il le voit assoupi, il vole sur le devant du lit, et s'y tient comme pour avertir de ne pas troubler le sommeil de son malade. Il semble même que ces différents soins l'occupent au point d'oublier sa propre subsistance. Quelques caresses que lui fassent les autres invalides, quoiqu'il soit accoutumé à les distinguer partout, même au loin, comme à Issy ou à Vaugirard, par leur habit bleu, jamais il ne se laisse prendre ; mais aussi jamais il ne se trompe : il reconnaît toujours son maître. Quand il se trouve en campagne par le mauvais temps, ou que le froid le chasse, il ne peut rentrer avec la même facilité, parce que la porte de l'infirmerie est fermée ; que fait-il ? Il guette le premier habit bleu qui revient, se met sur son épaule et entre avec lui ; il emploie souvent le même expédient pour sortir. Dans les jours d'été, s'il est poursuivi par quelques autres oiseaux, ce qui lui arrive assez souvent, le bonnet de son maître est son refuge, et l'on dirait qu'il brave dans ce retranchement toutes les insultes. Ce n'est cependant pas qu'il manque de courage, il s'en faut ; le bruit de son grelot lui attire jusqu'à six ennemis à la fois, et il n'a recours à la fuite qu'après avoir tiré parti de ses forces et surtout du bruit qu'il fait avec son grelot, auquel il est tellement habitué, qu'il a l'air hon-

teux et poltron dès qu'on le lui ôte. On s'aperçut de ce sentiment pour la première fois lorsqu'un particulier, l'ayant pris dans un piége,
lui coupa une partie des plumes de la queue
et des ailes, et lui enleva son grelot. L'animal,
après deux jours d'absence, parvint à s'esqui-
ver des mains du ravisseur; mais il revint
triste et confus, et sa douleur, qui dura plus de
huit jours, allait jusqu'à lui faire perdre l'ap-
pétit, qu'il ne recouvra, ainsi que sa gaîté, que
quand son maître lui eut remis un nouveau
grelot. Un autre ennemi plus formidable pour
lui, c'est le chat qui rôde dans les salles.
Lorsque, rentré pour se coucher, il ne trouve
pas son maître au lit, ne croyez pas qu'il soit
assez bête pour se fourrer dans sa cage : qui
est-ce qui en fermerait la porte? et comment
serait-il à l'abri de la griffe? Il va de lit en lit
jusqu'à ce qu'il y rencontre quelqu'un éveillé ;
et pour se mettre plus sûrement sous sa pro-
tection, il se glisse par préférence dans le
gousset de sa culotte, ou dans le havresac, et
il s'y tapit de manière à n'être vu de personne.
Quelque régulier qu'il soit à ne pas découcher,
il lui arrive parfois de s'attarder ; lorsqu'il
trouve la porte fermée, il avertit qu'il est
dehors en venant becqueter les carreaux de la
croisée. Comme il est assez matinal, les ma-
lades n'ont pas besoin de mettre le nez à l'air

pour savoir le temps qu'il fera dans la journée : le moineau les en prévient en revenant bientôt au lit du maître et ne sortant plus de la salle. Il semblerait qu'il prévoit, ce qui arrive à tous les changements de temps, que son maître va ressentir de nouvelles douleurs : en sorte que c'est un chagrin de plus pour son maître de voir que son oiseau ne va pas en campagne.

La confiance que lui donne l'usage dans lequel il est de se battre avec avantage seul contre plusieurs, a développé chez lui la plus belle des qualités morales, celle de la générosité. Un autre franc-moineau, qui n'était nullement de sa connaissance, fut attaqué dans la cour des infirmeries par plusieurs autres moineaux. Il était terrassé et presque assassiné de coups de becs, lorsque Philippe (c'était le nom sous lequel est connu notre oiseau) vint à tire-d'aile. Indigné de la lâcheté, il se jette dans la mêlée, écarte les assassins, et ne quitte le pauvre animal qu'il vengeait qu'après s'être bien assuré, non-seulement qu'il n'avait plus d'ennemis, mais encore qu'il pouvait regagner son nid.

On croirait qu'aucune femelle ne se hasarderait à choisir un mari aussi bruyant ; cependant notre moineau a trouvé une compagne toutes les fois qu'il en a eu besoin, et on a re-

marqué qu'il se partageait également entre elle
et son maître. Loin que son grelot effarouche
sa femelle, on dirait que notre fanfaron se
plaît à l'agiter au milieu de ses caresses, pour
insulter à ses rivaux. Assidu dans la journée
près de sa famille à naître, pourvoyeur infati-
gable à la nourriture de la mère et des petits,
ne les abandonnant enfin qu'après les avoir
mis en état de se passer de ses soins, il n'en
revient pas moins exactement au lit de son
maître. Si quelquefois on l'a vu s'écarter de
cette règle, il n'a jamais manqué de revenir le
lendemain matin, comme pour rendre compte
de sa conduite. Enfin, à sa manière de se com-
porter à l'hôtel des Invalides, avec son ménage
et son maître, on serait presque tenté de
croire que, de tous les habitants de cette célè-
bre maison, il n'a imité que ceux qui, connais-
sant la rigueur des ordonnances, alliént leur
exécution à la sainteté de leurs engagements.

Philippe cependant n'est pas sans défaut.
L'amour-propre perdit Vert-Vert, la jalousie
paraît être le vice dominant de notre oiseau, et
il la développe avec toutes les nuances dont
elle est susceptible. Il crut un jour avoir des
sujets de plainte contre sa femelle : l'arracher
du nid, la terrasser, la maltraiter de toute
façon, furent l'affaire d'un instant; mais bientôt, rentrant en lui-même, il reconnaît sa

faute, il voit avec attendrissement sa femelle,
la caresse, la console et la reconduit après ce
petit manége auprès de leurs chers nourris-
sons. Etait-ce caprice? était-ce jalousie? Il
n'en est pas de même de l'aversion qu'il a
conçue pour une autre espèce que la sienne :
comme aucune ressemblance, aucune liaison
intime ne les unissent, sa haine est sans retour.
Son maître est attaché à un jeune serin qu'un
accident singulier a rendu sédentaire. Il n'a
qu'une patte, l'autre lui ayant été coupée à la
suite d'une fracture. Cet état invalide n'a pas
touché de compassion notre fier moineau,
quoique lui-même, privé d'un œil, doive savoir plus qu'un autre combien les infirmes mé-
ritent qu'on soit touché de leur sort. Le maître
est obligé de les tenir éloignés, et de prendre,
lorsqu'il caresse ou soigne son serin, des précautions infinies pour dérober ses attentions
au moineau, qui, sur cet article, n'entend pas
de partage. Si, malgré ces précautions, notre
jaloux s'aperçoit de quelque chose, sa fureur
s'exhale par des gestes d'impatience; il
s'échappe, il croit punir son maître en étant
quelque temps sans revenir. On dit qu'un
seigneur du voisinage, possesseur d'un jardin,
pour en éviter le dégât, ayant conjuré la mort
de tous les moineaux, n'a pas plus tôt appris
que la singulière existence du nôtre faisait la

consolation unique d'un ancien militaire accablé d'infirmités, qu'il a mieux aimé faire grâce à toute la race que de permettre qu'il courût le risque d'être enveloppé dans la proscription.

Tant de bonnes qualités extraordinaires sont le fruit de l'oisiveté dans laquelle vit malheureusement et malgré lui un brave soldat privé de mouvement par la moitié inférieure de son corps. Le besoin de s'occuper, de se distraire, de s'amuser, d'être aimé, de tenir enfin à quelque créature par la bienfaisance, a développé chez lui l'industrie et la patience auxquelles il doit cette singulière éducation. C'est ainsi qu'un prisonnier à la Bastille avait accoutumé, dit-on, les araignées de son voisinage à descendre autour de lui à un certain son de son luth, et à se retirer à son commandement ; ainsi l'on a vu d'autres prisonniers surmonter leur horreur naturelle pour les souris, et habituer celles-ci à dompter, en échange, leur goût farouche pour la solitude : ainsi Santeul avait élevé un de ses serins à ne siffler jamais à plus haute voix que lorsqu'il était le plus en verve. Sans doute la certitude de voir tous ses besoins satisfaits, l'habitude qu'on nomme si souvent instinct, peut-être un mouvement de reconnaissance que nous refusons aux autres animaux, parce qu'il nous arrive si souvent d'y manquer, ont-ils déterminé la docilité de l'oiseau, et développé chez lui des qualités dont il ne se dontait pas.

Si quelques lecteurs mécréants s'imaginent qu'on a exagéré, on les invite à s'informer aux officiers de santé, aux sœurs de la charité, à toutes les personnes enfin qui, par état ou par nécessité, fréquentent les infirmeries de l'hôtel des Invalides : ils apprendront que notre récit, quoique hors de vraisemblance en apparence, est néanmoins encore au-dessous de la vérité.

LE COLIBRI.

La nature semble avoir pris plaisir à former la taille élégante du colibri, et à rassembler sur son plumage les plus belles couleurs dont elle a peint celui des autres oiseaux. Les nuances en sont si délicates et si bien mélangées, que son coloris semble varier à chaque nouveau coup d'œil. Sa queue est composée de neuf plumes, qui vont s'allongeant en éventail ; et les deux dernières sont deux fois plus longues que tout son corps. Le mâle porte sur sa tête une petite nuppe, où sont réunies toutes les teintes qui brillent sur ses ailes. Ses yeux sont nòirs, et étincellent de vivacité. Son bec, de la grosseur d'une aiguille, est long et un peu courbé. Sa langue, qu'il en fait sortir bien au dehors, lui sert à pomper, jusqu'au fond du calice des fleurs, la rosée qui les baigne, ou à gober les petits insectes qui s'y réfugient. Il se nourrit aussi de la poussière de fleurs d'orange, de citron et de grenade, qu'il recueille en voltigeant comme un papillon, presque toujours sans s'y reposer. Son vol est si rapide, qu'on entend cet oiseau plutôt qu'on ne le voit. Le mouvement de ses ailes produit un bourdonnement pareil à celui des grosses mouches. Il se balance comme elles dans l'air, et paraît quelquefois y rester immobile.

Dans les contrées où les fleurs n'ont qu'une saison, on dit qu'à la fin de leur règne il se tapit sur la branche d'un arbre, et y reste dans un état d'engourdissement jusqu'à leur retour ; mais dans les pays où les fleurs se succèdent sans cesse, on a le plaisir de le voir toute l'année.

Il aime à suspendre son nid aux rameaux des orangers, qui ne plient certainement pas sous la charge. Ces nids, dont la forme est celle d'une demi-coque d'œuf, sont construits avec de petits brins d'herbe sèche, et tapissés d'une espèce de coton très fine et très douce. La femelle ne pond que deux œufs de la grosseur d'un pois, qu'elle couve avec beaucoup de soin et de tendresse. Quand les petits sont éclos, ils ne paraissent pas plus gros que des mouches. Peu à peu ils se couvrent d'un duvet aussi léger que celui des fleurs, et bientôt après de plumes brillantes.

Lorsque le père et la mère s'éloignent pour aller leur chercher de la nourriture, certains oiseaux qui sont très friands de la couvée, veulent profiter de cette absence pour saisir leur proie; mais les parents sont toujours au guet; ils reviennent, prompts comme l'éclair, poursuivent intrépidement l'ennemi de leur jeune famille, et lorsqu'ils peuvent l'atteindre, ils ont l'adresse de se cramponner sous son aile, et le percent, avec leur bec affilé, de mille blessures.

La manière de les prendre est de leur jeter une poignée de gros sable lorsqu'ils volent à une petite portée, ce qui les étourdit, ou de leur tendre des baguettes enduites d'une glu luisante. Les petits friands y volent avec avidité; mais leurs langues, leurs pattes et leurs ailes s'y empêtrent, et les chasseurs, qui les épient, les saisissent avant qu'ils aient pu se débarrasser.

On a trouvé le secret de leur conserver si bien, même après leur mort, le vif éclat de leurs couleurs, que les femmes du pays les portent à leurs oreilles en guise de girandole. On fait aussi de leurs plumes de belles tapisseries et des tableaux charmants.

L'oiseau-mouche, ainsi nommé à cause de sa petitesse, est de l'espèce du colibri.

FIN.

TABLE.

—

CHAPITRE PREMIER.

CHAPITRE II.

CHAPITRE III.

CHAPITRE IV.

CHAPITRE V.

FIN DE LA TABLE.

Limoges. — Imp. E. Ardant et Cie.

9 782329 609690